U0003139

裝潢輕時代

減少帶不走的無用設計，
注入專屬於你的 Life Story

漂亮家居編輯部 ——— 著

CONTENTS

CHAPTER3 有用設計一定做

CHAPTER4 加分設計這樣做

裝潢輕時代

現今的裝潢觀念，已和過往不同，越來越多的設計師與居住者，開始懂得思考居住時最基本的需求與感受，試圖抹去屬於裝潢的胭脂水粉，讓空間回溯最適切的生活所需。

何謂裝潢新時代趨勢

　　隨著裝修資訊普及和環保概念建立，人們對於家的樣貌，逐漸擺脱制式規格，朝向更個人化、具複合機能的方向去思考；因此，大量且固定式的裝潢，或成套成組的傢具配置，逐漸被重點式裝修，與突顯品味的造型傢具、傢飾給慢慢取代，就連色彩選擇上也更大膽。隨著裝潢輕時代的來臨，不僅讓人與空間的關係更自在，專屬質感也在日常中，慢慢被「活」出來！以下將由設計師Mia與屋主Emily為讀者詮釋裝潢新時代的趨勢：

角色介紹

設計師 Mia

不追求大動土木的裝潢模式，喜歡以可更動的傢具與軟裝讓屋主的家更具有人味。了解屋主的性格與喜好後，在居家設計中注入清淨明亮的留白，適度點綴不同質感。

屋主 Emily

希望居家設計可以很有自己的風格，平時也會上網搜尋喜歡的圖片與案例，卻不知道該從何下手，因而尋求設計師的協助。

插畫__徐怡菁

01 裝潢感少一點，生活感多一點

　　裝修目的是為了提升生活品質，因此，應該從固有生活習慣做設計發想，才能合宜地增減功能。一般人為節省預算，多是將就建商的設計規格填入傢具生活，卻常造成不便。所以裝潢的第一個重點應該放在格局整頓。

　　一般而言，實牆過多會造成採光不良跟窄迫感；不妨透過拆除牆面來提升明亮度、放大空間。動線曲折也會令人與場域的關係較疏遠，可藉由整併手法，例如將餐、廚規劃在同一區塊，或讓公、私領域各自集中，來提升日常活動的流暢感。基礎問題改善後，可用一些現成軟裝佈置來創造生活感；例如，市面上有許多複合功能的傢具可因應變動彈性，或是搭配藤籃、木箱這類可靈活移動的配件來擴充收納、妝點風格。但要留意物件之間色調與造型是否協調，避免過多色彩與線條使空間撩亂。此外，穿插規劃冷、暖照明，讓空間能隨心情調度氛圍。最後，不妨加入一些綠色植栽或鮮花，讓花與葉的線條和榮枯變化，創造出空間流動感與生命力。

插畫＿徐怡萱

☑ 整頓格局強健基礎，善用佈置增添生活感

圖片提供＿原晨設計

圖片提供＿原晨設計

運用植栽、籐籃等營造生活感 利用籐籃這類小物可強化生活感和收納機能，但要注意色彩跟造型避免產生突兀感。鮮活植栽能淨化空氣，亦可使空間表情更柔和。

大膽改變動線、整頓格局 原本在長屋前端的樓梯改至中央，使公共區和私領域能夠獨立區隔，再以洞洞板增加光線透引，藉由格局整頓打造明亮開闊新風貌。

02 減少複雜設計，以裝潢突顯自我風格

　　裝潢輕時代的規劃祕訣之一，就是重點式裝修，且裝修量體通常具有一物多用的特性。舉例來說，開放式格局中可能利用櫃體延伸同時滿足收納、隔間、區域分界等……需求，而櫃體本身的造型或表面飾材，又替空間增加了層次豐富。

　　除了重點式裝修，利用主題牆或主題色來增加變化也是很簡便的做法。例如，藍與白的搭配馬上就能勾勒地中海印象，銘黃、咖啡、橘紅則有助揮灑南法鄉村風。主題牆的表現可透過壁紙、磁磚甚至掛毯等手法裝飾，藉由周邊留白但突顯焦點做法，也會讓空間更有型。不想在立面上做太多設計，不妨在面積最大的地板區塊花心思。若是採用木地板，可以透過不同拼貼法來增加變化。例如，1/3拼（也稱1/3交丁）有階梯狀的接縫規律，而工法繁複的人字拼則可以創造復古典雅氣氛。花磚容易清理也是強化設計的好幫手，不論是大範圍鋪陳，或是小區塊點綴，立刻就能吸引目光。

插畫＿徐怡萱

☑ 重點式裝修，實用、聚焦一把罩

3
圖片提供＿非關設計

選擇重點裝飾設計 利用灰黑色美耐板包覆玄關與廚房中間隔牆，既統合了雙邊收納，又使餐桌能夠定位，順勢豐富了空間色彩，達到滿足多重需求目的。

4

圖片提供__原晨設計

書櫃搭配色彩牆更亮眼 雙色漆搭配格櫃造型主題牆，勾勒出明快的文藝氣質。人字拼地板則將動線通透的開放式格局，襯托地更加生動活潑。

原貌呈現或造型融合，化解樑柱困擾

結構樑柱經常在空間中形成突兀感，過去習慣將樑柱用面材包裝修飾，或乾脆整個藏進天花中；卻因此帶來裝飾量體龐大，以及屋高變低的副作用。因應設計潮流改變以及工業風盛行，管線跟結構外露手法早已見怪不怪，因此在設計規劃時不妨大方將管線收整，以原貌呈現，或甚至將其視為設計元素的一環，反而能保留天花高度、創造隨興風格。

而一般住家常見的造型線板，在提倡重點設計中反而較少使用，通常會以牆面原貌，或是留縫手法搭配間接照明修飾，藉此增添空間俐落感。此外，雖然裝潢輕時代主張捨棄贅飾，但想要化解樑柱問題時，也可以利用在天花或牆面上增添造型裝飾來轉移注意力；透過造型物件與結構的融合，讓量體不致突兀存在，甚至還能成為場域亮點。另外，用來修飾的造型也經常兼具了隱藏管線的實用性，搭配中央空調做整體規劃，都會讓整體視覺效果更加精緻簡潔。

插畫__徐怡箐

☑ 硬體（天花板／牆壁／地板）裝修比重輕

圖片提供＿原晨設計

天花板局部裝修添趣味 在天花增添弧形木作來降低大樑的存在感，同時還能藉此增添設計趣味、使天花有向上提升的錯覺，順勢隱藏了燈具線路。

管線外露，原貌呈現 將管線收整外露，且現出部分結構面的做法，讓空間呈現不羈性格。刻意將空調子機外露成為設計一環，也有助加乘風格形塑。

圖片提供＿非關設計

04 光線的引進，放大空間延展景深

　　住家感覺晦暗有幾個可能原因，一個是整體採光條件不錯，但因格局設計不佳，導致採光被實牆阻隔分散，此時，透過拆牆跟機能整併變成開放式格局，通常都能獲得不錯的改善效果。另一種情況是採光條件受限，例如長形屋光源集中兩端，或是外部有建築阻擋日光等⋯⋯，面對這樣的窘境，除了要將主活動區調整至光線充足的地方外，也可以善用開放設計，盡量將自然光引入屋中央。

　　此外，還可以搭配穿透手法跟材質來借光；例如懸空櫃體不僅能減少壓迫感，也有助借用相鄰區域的光線；或是以鏤空的造型隔屏，滿足遮擋和採光雙重需求。採用玻璃當作隔間材質，不僅好清理，還能確保視線穿透與明亮。而反射效果強的鏡面，具有延展景深、放大空間的功效，局部使用能增添量體輕盈感、創造視覺流動趣味，若是大面積應用則可挑選灰鏡、黑鏡鋪陳，以降低反射刺激。

房子的格局是長形的，只有連結客廳的陽台能讓光線灑進來，且陽台很窄，與客廳以半窗連接，該如何將光線引進到房子裡呢？

建議把陽台和客廳之間的半窗隔間打通，讓陽台變成客廳的一體，如此一來，光線就能順利引入室內。

插畫＿徐怡普

☑ 開放手法搭玻璃材，陰暗靠邊站

圖片提供＿非關設計

圖片提供＿原晟設計

用玻璃引光入室 將陽台進屋入口動線延展，藉此爭取到客廳主牆面積。上下以40公分深的櫃體鋪陳，搭配直紋玻璃引光，讓景深拉長、強化裡外互動。

調整格局，讓光源滲透 長形屋將樓梯位置調整置中，爭取完整的機能區塊，並藉由白色洞洞板和鏤空手法，盡量讓光源能相互滲透，有效解決室內原有的晦暗困境。

以 3D 思考統整色彩，創造平衡

運用裝潢輕時代的設計思維，CP值最高的設計手法莫過於顏色，由於牆面是平視時直觀接觸的區塊，因此獨立出一道反差大的色牆，是吸引焦點最快的做法；素色塗刷視覺效果簡潔，也方便增添掛畫或照片等飾品。若是想讓牆面本身成為畫作，幾何圖形或手繪圖案都是很棒的選擇，但若此時牆面已有線條吸睛，周邊應盡量清空傢具，或選擇造型俐落的物件來擺設。若想集中選用單一色彩做全室背牆，除了風格走向之外，還要將採光條件考慮進去，避免深色造成居住者滯悶。

立面上的櫃體、層架或飾材也是色彩來源之一，與背牆結合時，可以順勢將造型因素考量進去，更能突顯平穩和諧或對比活潑的視覺效果。若背景素樸，利用鮮豔的傢具來做跳色，也是替空間增加亮點的好方法。此外，地面範圍大又經常因乾、濕區分也有顏色與材質的落差，做色彩計畫時務必將其考慮進去，整體視覺效果才會更平衡。

插畫＿徐怡萱

☑ 善用空間顏色，強化視覺效果

圖片提供＿非關設計

利用一面亮色牆強調焦點 本質素樸的空間除了用鮮豔色牆創造亮點，還搭配織紋別緻的地毯來強化氛圍，藉由立面與平面不同比例的色彩運用，激盪出活潑印象。

圖片提供＿原晨設計

全面考量天地壁設計，找出平衡 將天、地、壁上的造型、材質與色澤因素做通盤考量，才能取捨出和諧畫面，否則容易造成單看很美，搭起來卻不平衡的窘境。

06 巧用配飾軟件營造亮點

　　裝潢輕時代強調硬體裝飾少，背景上也偏素雅，透過布藝品風格萬千、色彩多元又可捲折的特性，能立即軟化空間表情、創造亮點，就收納或應用彈性來看，都是實用性第一名的最佳選擇。特別是開放空間有時會被親友叨唸風水問題，長布簾立即就能充當隔屏，又不致影響原有格局。

　　若想要增加空間趣味性，不妨在家中擺設1、2件尺寸較大的造型傢具或落地藝品，或是將個人愛好如公仔或咖啡杯找一個區域單獨陳列，都會讓空間更有個性。此外，畫作、照片或掛飾也是活絡氛圍的好幫手。但在擺放時要注意尺寸、顏色跟留白之間的比例關係。例如，背景顏色深的掛飾，襯在淺色牆上尺寸不用大，聚焦效果也很明顯，因此可以將飾品掛於側邊，留出較完整的空白區域，反而比置中擺放更能突顯輕重對比。即使是照片牆也可採用疏密錯落的手法佈置，才更能突顯設計、避免凌亂。

插畫__徐怡萱

☑ 運用藝術品、畫作、軟件營造生活感

圖片提供__非關設計

圖片提供__原晨設計

適度留白更清爽 空間裡有一道帶有銅鏽感的特殊漆主牆，周邊背牆就以明度低、彩度高的灰藍相映，因此在櫃體與畫作上留白以平衡整體視覺。

以畫作藝術品點綴空間 造型別緻的落地藝品可以吸引目光、提升空間趣味性。牆面掛飾不一定要置中擺放，透過深淺對比和疏密錯落的手法，更能突顯設計感。

限縮、遮蔽、轉折激化空間魅力

　　許多人對於空間感的理解有刻板印象，以為隔牆越少越好，或自然採光越多越好。事實上，居住本身講求的是一種整體的舒適感；即使完全釋放隔間或採光，也可能造成空蕩冷清或是日曬過強、隱私度不夠的困擾；因此適度的限縮、遮蔽或轉折都是營造空間感不可或缺的。

　　東方人對於方正格局有偏好，但坪數小或是想擴增使用效率的住家，不妨利用斜向傢具擺設或是斜牆，讓動線可以延展擴張。即使是開放格局，在不同區域也能嘗試藉由天、地、壁材質跟色彩的差異圈圍獨立屬性，或是用半高檯面、櫃體設立分界。遇到過於冗長的牆面時，還可以利用木皮或是其他素材做截斷；一則可以使機能區更集中，二來也能藉異材質鋪陳堆疊層次感。此外，拉門開闔也是調控空間太過壓迫的好方法。總之，規劃時試著去創造一種能隨時互動，又各自獨立的氛圍，會比全然開放式格局更能演繹空間魅力。

插畫＿徐怡萱

房子內部的隔間越多是不是越有空間感，究竟該如何營造室內空間感？

空間感的營造應該回歸合理的格局規劃、流暢的動線安排、視覺的通透等，而不是透過繁複設計來營造空間感，如此一來將喪失本意。

☑ 增加視覺延伸，自由營造空間感

圖片提供__非關設計

以斜牆放大公共區 舊格局為方正四房的空間，刻意利用斜牆統合入口角度，一來可放大公共區面積，同時縮減利用率較低的區塊，令動線順暢、坪效提升。

圖片提供__原晨設計

以設計手法增加視覺延伸 先低後高或入口窄腹地大的手法，能創造柳暗花明的驚喜。而墊高梯下區塊能讓視覺延伸，亦可藉由鏤空斜角使矮檯變得輕盈實用。

08 對比手法升級局部設計 CP 值

　　想要運用裝潢輕時代的手法，減少大興土木跟預算節約，卻又擔心空間過於素雅會失去個性，可以嘗試利用局部設計來增添變化；而「對比」是效果快又明顯的手法。舉例來説，沙發背牆多半是平滑漆面，可以在牆面的上下角落或是側邊，用文化石或裸露的結構材料，製造出鑿面與光滑的對比呼應。抑或是用黑白雙色結合鏡面與木作，帶來虛實交映、明暗共陳的視覺變化。

　　此外，將設計延伸至天花也是不錯的手法；特別是在開放格局中，區域的界定較不明確，透過單獨的天花造型，或是用木作將牆面與天花銜接起來形成木框，都能替空間製造焦點。對於藏書較多的住家，也可以考慮用櫃體牆取代實牆隔間，如此一來，櫃體與物品的結合本身就是一個端景，一舉滿足了收納與裝飾的目的。而紋理別緻的木皮或石材，也能透過對花、混搭或連續面呈現裝飾效果，但只要挑1、2處重點表現即可。

插畫__徐怡普

☑ 裝飾設計局部做

圖片提供__非關設計

圖片提供__非關設計

以對比方式創造視覺焦點 進屋入口刻意裸露出紅磚結構，藉由粗糙與光滑的質感落差，以及紅牆綠窗的顏色呼應，對比出豐富討喜的視覺感。

裸露部分天花，增加個性 天花區塊利用一道斜線分割，回應整體設計概念。同時又藉由水泥鑿面替空間增加了個性，也營造天頂拉升的感受。

保留自我風格
的空間

對居住空間而言，坪數大小與風格設定並非首要條
件，呼應自己與家人的生活模式，並為將來留下變化
彈性，才稱得上是保留自我風格的空間。

物有其位,回歸安心
清爽的居家本質

文——曾令愉　　空間設計暨圖片提供——KC design studio 均漢設計

HOME DATA

| 空間地點 | 台北市 | | 坪數 | 41坪 |

| 格局 | 3房2廳2衛 |

| 使用建材 | 毛玻璃、大理石粉磚石板、木板、
薄石板、鍍鈦 |

| 平面圖 |

1　加分設計這樣做　**以弧形書牆營造生活感** 為了實現家最核心的價值「安心」，設計師以弧形曲線賦予空間柔和表情，也避免孩子在家中跑跳時撞到生硬轉角。書牆選擇透光但不透明的毛玻璃材質，並且以特殊打版形塑優美弧度，櫃上物件剪影隱約透露最真實的生活風景。

　　本案居住者是一對夫妻與三個活潑可愛的孩子，整體空間設計的核心即是環繞著一家五口的生活展開。對父母而言，陪伴孩子成長是現階段生命最重要的任務，因此希望整個家都是孩子安心玩耍的場域，同時也希望有親子共讀空間；而站在生活實際面，三個學齡孩童精力旺盛，要如何讓新裝修的房子易於維持，不會被孩子的書本玩具弄得亂七八糟，也是期盼透過空間設計解決的問題。

　　從「安心」的角度出發，設計師首先賦予空間「弧」的柔和感，利用天花的弧撫順原始結構樑生硬的摺線，而玄關量體與書房櫃體轉角亦皆細心收予柔弧，讓孩子能在家裡自在嬉耍，無須擔心碰撞牆角之虞。

　　而屋主所期待的親子共讀空間，則安放在空間迎光最充沛的角落，運用半透明的毛玻璃書櫃形塑閱讀空間與外部的區隔，像一枚透明泡泡輕輕裹住閱讀時光，同時又保有光線穿透分享的特質。開放式的展示書櫃富有收納功能，而架上的書將隨著孩子的成長階段而呈現不同樣貌，是空間中最真實的風景。

　　這座可愛的親子居家還有另一項特色，即是空間「各司其職」：臥房是安靜睡覺的地方，所以沒有書桌；至於衣物的收納則規劃出一間儲藏室，讓「收拾」成為一種生活的直覺，不用再煩惱什麼東西該放在哪裡，也讓孩子在潛移默化中了解「物有其位」的觀念，自然而然養成「物歸原位」的收納習慣，讓家不只是在剛裝修好的那一刻好看，而是在未來的每一天都清爽。

 有用設計一定做

書桌藏有滾輪與軌道，讓書房更有彈性 格局調整後，家中最明亮區域成為親子共讀書房，L型的書桌設計也有巧思，安裝了軌道與滾輪，可視需求彈性調整桌板位置。

（3） 有用設計一定做

一物二用的隔間書牆 兼具隔間與收納機能的書牆，可供擺設書籍或日常物品，讓孩子養成主動收納、隨時物歸原位的好習慣，以空間設計實踐生活教育。

4

加分設計這樣做

運用仿大理石材增加視覺趣味 餐廳牆面中央以仿大理石紋的薄石板打造展示檯面並形成視覺端景，上方懸掛三盞大小不同的圓形燈具，點綴巧妙的趣味感。

6 加分設計這樣做

實木衣桿可依需求挪移 在細節上也絲毫不馬虎，設計師特別打造鍍鈦五金腳架搭配實木衣桿，可以隨服飾長短需求上下挪移，讓收納更彈性靈活。

5 有用設計一定做

省去門片開關打造精緻儲藏室 針對收納需求特別打造一間小巧的儲藏室，儲藏室裡採用開放層架，省去門片開關的空間，同時也營造展示精品櫃般的質感。

CASE 02

微整格局，
開闊家的全新視野

文——曾令愉　　　空間設計暨圖片提供——兩冊空間制作所

HOME DATA

| 平面圖 |

| 空間地點 | 新竹市　| 坪數 | 36坪

| 格局 | 2房2廳2衛

| 使用建材 | 萊特漆、海島型木地板、回收木、
塗料、鐵件

1

① 加分設計這樣做　**在實體牆內築一道玻璃磚牆** 運用一道玻璃磚牆的巧思，讓光線能夠穿牆進入空間內部，就像晨曦破開雲層的曙色，在沉靜的時光中悄悄推移日常的風景。

　　本案位於新竹的高樓層大廈，空間坪數36坪，物件本身有良好的採光及絕佳視野，但原本的內部標準配置四房房型，沿襲了台灣多數建案屋型對於房間數量的迷思，讓整體空間內部過於封閉陰暗，不但浪費了空間的寬廣尺度，也讓屋案原有的光線與視野優勢被遮蔽，相當可惜。

　　在與屋主討論居住需求後，決定將格局改造為二房二廳的形式，刪除不必要的房間，使公共區域及私人空間相形放大，拓展更為自在明敞的空間尺度，同時也希望改善整體採光及視野遮蔽的問題。

　　雖是改變格局，但設計手法其實只是部分牆面的微整與裁切，就讓整體空間感截然不同。概念上採取化實為虛，設計師將部分隔間改成彈性拉門及局部玻璃的設計，使鄰近採光面的牆體產生開口及通道，將原本壅斷採光的封閉小房間釋放，化為引光入室的匯聚之源，串聯客廳並一路延伸至玄關、餐廳，末端轉入私人臥室，在整體格局形成回字型的光流迴廊；有訪客或必要時，仍可利用彈性拉門維持小房間的獨立性，為空間創造更多的可能性。

　　此外，在串聯空間的中心軸線上，置入適當的櫃體，賦予通道收納、展示的功能性。新填充的櫃體形成厚實的牆體，以水泥塗料表徵鞏固中心的量體個性，與輕盈包圍全局外圍的純白牆面相對，一重一輕，建構出折疊與塊體堆砌的堅固意象與可視性，也隱喻家的定義：沉靜安穩，亦輕盈自由。

②　加分設計這樣做

既是牆體又是收納櫃 為了讓居住機能更臻完備，設計師在中央牆體置入適當的櫃設計，賦予通道收納、展示的功能性，在簡約中保有更多變化。

③　有用設計一定做

開放式餐廚，凝聚家人感情 餐廚採取開放式設計，運用中島量體搭配餐桌設計，十分方便。晨起時於此享用早餐，也可靜靜感受晨光的變化。

4

(4) 有用設計一定做

巧妙打通格局，讓光線流動 本案的格局微整關鍵在於客廳後方隔間牆的調整，設計師將靠近採光面的局部牆體予以取消，讓光線不會被遮蔽。雖然只是局部微調整，卻讓空間產生截然不同的流動感。

5

5 多餘設計不要做　**以極簡設計實踐生活哲學** 整體風格採取極簡、低裝飾的調性，樸實無華，靜好自美，讓家真切還原生活的本來面目，以空間設計實現人生的哲學。

6

6 有用設計一定做　**調整格局，讓無光空間成為聚光之源** 原本封閉的小房間經過格局調整後，成為整個家的聚光之源，設計師仍保留彈性拉門與適度收納設計，需要時可作為客房使用。

輕法式，展現單身女性的自在優雅

文——陳淑萍　　空間設計暨圖片提供——北鷗室內設計

HOME DATA

| 空間地點 | 桃園 | 坪數 | 18坪

| 格局 | 1房2廳1衛

| 使用建材 | 海島木地板、清玻璃、鐵件、
銅製金屬、木百葉、進口壁紙、
乳膠漆、磁磚、線板、調光捲簾

| 平面圖 |

 加分設計這樣做　**天地壁，注入輕法式的經典語彙** 客廳淺灰白壁面，先以滾筒工法做出浮凸質感再上漆，搭配復古人字拼貼木地板，與輕鄉村風格的白色腰板、天花線板，打造低調素淨的法式優雅。

　　這是一間單身女子的假日休閒小屋，平日偶爾也作為邀請朋友聚會的空間。進入屋內，順著人字型木地板無間續的拼貼手法，使視線一路迢迢開展，空間感也跟著放大。廚房、衛浴與主臥，壁面色彩從濃濃的深靛黑，轉折至公共空間成為清淺的灰白，如同由星空黑夜，迎接黎明天光到來，心情也從靜謐沉澱變得明亮輕快。

　　客廳區沒有過度花俏的裝飾，而是藉由腰際高度的白色線板，引領出淡淡法式優雅。仔細看灰白牆壁，能發現漆面特意以工法做出凹凸浮紋效果，在投射燈輝映下，呈現出更立體的層次之美。客廳的後方，則以雙扇門片區隔出一間獨立書房工作區，木作結合清玻璃材質，就算關起門也能維持小空間的通透感。

　　深色系主牆、深色系窗簾，誰説女孩的房間一定要粉嫩繽紛？沉穩優雅的調性，也能讓主臥呈現迷人女性風采。空間中沒有任何多餘木作，也沒有頂天落地、滿滿的收納櫃，而是利用國外進口的軟件造型箱體，以錯落排列堆疊的方式，成為臥房視覺亮點，如同放大版的珠寶盒、也像是散落牆壁的積木，是裝飾性極高的美型收納。

　　從事採購工作的女屋主，對於傢具軟件的蒐集相當感興趣，因此在裝修過程中，透過不斷的討論，勾勒出對空間的憧憬與描繪，再搭配慢慢蒐集而來的單椅、經典吊燈、畫作等，替空間加分，夢想中的「家」便一步一步、水到渠成地實現！

2 有用設計一定做

木作牆與百葉櫃，左右機能搭配 玄關處設計一堵窄隔牆，屏蔽入門視線提升隱私，另一側則以白色木百葉，打造45公分深度的鞋櫃與收納櫃，同時也將電箱包覆隱藏。

3 加分設計這樣做

對比色＋異材質，廚房立面更有變化 廚房不設上櫃，壁面以塗料加磁磚斜拼手法，透過異材質的結合、黑藍與亮白的色彩對比，變化出活潑廚房背景。櫥櫃旁的柱子，用銅管打造雜誌架，空間利用分毫不浪費。

(4) 加分設計這樣做

雙扇門設計，讓通道開口寬敞大器 有別於台灣常見的單扇門，客廳背後的書房以清透玻璃木作打造出雙扇門片，讓入口通道保持大器寬敞。書房內選用可擴充組合的活動式書桌傢具，方便隨時調整空間用途。

(5) 有用設計一定做

黑、白、木色箱體，收納兼具裝飾 以黑鐵件鑲邊的軟件造型箱體，如同放大版的珠寶盒，也像是積木一般，可錯落排放或堆疊，隨心所欲地調配懸吊位置，極具彈性的收納，也兼具美型裝飾效果。

6 加分設計這樣做　**是更衣室入口也是一道通風牆** 主臥更衣室同樣採雙扇門設計，歐式風貌的木百葉門片讓更衣空間通風明亮。內部壁面則以直條紋壁紙，藉由線性拉高放大空間感。

7 加分設計這樣做

黑白配呈現清爽洗鍊 延續外部空間的深淺對比設計，衛浴的壁面與地坪，透過黑與白搭配出俐落個性。浴鏡、浴櫃把手與壁掛，選用銅金色金屬讓質感更加分。

CASE 04

與光為伍，植養一室
乾淨明亮的美好

文——曾令愉　　空間設計暨圖片提供——ST design studio

HOME DATA

| 空間地點 | 台北市 | 坪數 | 30坪
| 格局 | 2房1廳2衛
| 使用建材 | 實木皮、超耐磨地板、進口磁磚、
油漆、風琴簾

| 平面圖 |

1　加分設計這樣做

運用窗景與天花引入樹景 因為愛上了窗外的大樹，屋主夫妻買下這間小屋，設計師利用開闊的窗景與向外開揚的天花引入樹景，以空間詮釋這段浪漫的故事。全室呈現簡約清爽的風格，以淺白色調佐以充足日光，讓室內顯得寬敞明亮，並適度添入木質感傢具增加空間的暖意。

　　本案是一間30坪的老屋，屋主夫妻為了窗外的一株大樹而購入此屋，但原本內部裝修為工業風，與屋主夫妻所偏愛的簡單純粹相去甚遠，兩人期待家能更清爽明亮，同時也減少多餘的房間，將坪數釋放出來，讓空間整體場域的尺度更形開闊完整。

　　在格局的調整上，設計師力求還原空間尺度，僅留下具有結構支撐作用的柱體，減少不必要的隔間牆體，讓室外陽光傾注一室明亮，並跳脫傳統制式格局配置，捨棄「客廳一定要沙發」的迷思，將電視牆置於格局中央，賦予整個客餐廳完整的串聯，不同的區塊圍繞著中央電視牆，宛若一座座島嶼般的連結，既是自由，亦是親密。

　　全室鋪陳淺白色調，映著天光更顯敞亮，但不想讓住家太過冷清平淡，所以也加入小巧思，例如玄關鞋櫃佐以深胡桃木色、窗戶點綴靛藍風琴簾、廚房則有繽紛的壁磚活絡氣氛，藉由色系對比妝點層次變化。而設計師亦與屋主取得「斷捨離」的共識，公領域除了鞋櫃及廚具滿足基本收納，其餘雜物均收入由一房改造成的更衣室裡，不讓儲櫃量體瓜分空間純粹的留白。

　　為了窗外屋主夫妻鍾愛的大樹，室內除以整面窗景及向外開張的斜天花延攬樹景外，角落亦飾以各類植栽，大小錯落，於這座純白的小島上安靜張揚。在一室明媚的陽光中，在舒朗的空氣裡，日子於是能與光為伍，最簡單，最幸福。

 加分設計這樣做

以純白廚具突顯花磚設計 廚房與公領域互為背景，於是以繽紛花磚及實木零件點綴純白廚具，使原本簡單的小廚房有了個性，也讓空間更具生活感。

③ **加分設計一定做**

以電視牆為中立軸心 將電視牆置於中央位置，讓公共領域有了中立軸心，各個角落於是有了自己的風景，像一座座獨立又相連的小小島嶼。

4

加分設計這樣做　　**不浪費窗邊美景，設置休憩吧檯** 窗邊處規劃成休憩吧檯，適合坐在這裡聊天品酒，靛藍色的風琴簾將陽光洗成大海與天空的顏色，彷若迷幻而抽象的攝影藝術。

5 多餘設計不要做　**刪減多餘的隔間，讓空氣光線自由流動** 為了還原空間整體尺度，盡可能刪減不必要的隔間牆面，讓整個公共區域更形完整開闊，光與空氣亦得以自由流動。

6 有用設計一定做　**多一間收納儲藏室，維持高品質生活空間** 將原始格局的一個獨立房間改為儲藏室，與主臥室比鄰，所有的雜物收納均歸位於此，留給生活最純粹的明淨美好。

原屋格局微調輕整，
化身養育新生兒超順手宅

文——李佳芳　　空間設計暨圖片提供——十一日晴空間設計

HOME DATA

｜**空間地點**｜ 台北市　　｜**坪數**｜ 26坪

｜**格局**｜ 3房2廳2衛

｜**使用建材**｜ 實木皮、美耐板、木地板

1

加分設計這樣做

不做整面大型櫃體，將部分櫃體收進牆面 設計師特別留意大量體的壓迫感，所以上櫃並不做滿到天花板，而是刻意用白色封板，一來可以走管線，二來把櫃體完成收進牆裡，立面感覺更素淨。

　　擁有新生兒的喜悅，為兩人世界帶來小小改變，因此在設計房子時也加進去思考。依照原屋況些微調整格局，主臥室隔間移除，利用衣櫃背板、衣物、日本隔音毯來隔音，爭取8公分的牆面厚度，使書房有合理大小。而在坪數較大的餐廳，樑下空間處理為儲藏間，可容納大量雜物收納，並能直接推入嬰兒車，加上與沙發背牆一致的藕灰色，淺淺的跳色效果，為視覺帶來舒服的感受。

　　依據屋主的輕烹調習慣，廚房保持原有形式，但為了彌補一字型廚房的電器櫃問題，以及考量照料幼兒的需要，於是在餐桌邊設計了一座很長的餐櫃，可連貫到玄關，同時支援玄關收納。比起垂直收納的電器櫃，長邊櫃在使用上更為得心應手，有大量檯面可擺放小家電，照料幼兒常用的器具，如：熱水瓶、消毒鍋、奶瓶架等等，以及咖啡機、烤麵包機等，都可一字排開擺放，新手媽媽隨手取用，工作起來有條不紊。

　　至於三房處理，主臥與小孩房因外牆結構關係，有樑橫亙形成的明顯上下牆凹，設計師順勢處理成為衣櫃（兒童房不做滿，保留日後彈性）。為了活用主臥的長形格局，增加床頭櫃解決壓樑問題，也整合了左右床邊櫃，以及增加床頭置物平檯，睡前讀本、飲料、眼鏡、手機、鬧鐘等，都有地方可以放。

 有用設計一定做

高自由度的書房設計 書房收納使用無印良品的自由層架系列，板材因有鐵件增加強度，兼具美觀與耐用度，櫃體部分不做滿，保留平檯可以放置音響等，也減緩壓迫感。

③ 有用設計一定做

聰明利用樑下空間設計儲藏室 餐廳的坪數不小，而利用樑下空間設計為儲藏室，可以收納大量雜物，滑門選用與背牆同調色系，視覺感不突兀。

④ 有用設計一定做

一應俱全的多功能玄關 玄關坪數不大，功能卻五臟俱全，有小層架、掛鉤與穿鞋椅等，入門可以隨手放鑰匙、零錢，購物袋有地方掛，空出雙手之後，就能好好坐下來脫鞋，整理一番。

⑤ 加分設計這樣做

運用磁磚添增美感 廚具中段常用烤漆玻璃，但為了使美感更加分，選用灰色幾何圖騰的磁磚，造型特別，又可擦拭清潔，方便維護保養。

6 **多餘設計不要做**

別做取用不便的床頭櫃 常見床頭櫃的下櫃設計為上掀式，雖然可以收納棉被，但因為取用不便，久而久之常被棄置為蚊蟲死角。床頭櫃設計應有取捨，選擇好用之處即可，如左右邊櫃與平檯等，捨棄多餘設計才能保留空間本質。

7 **多餘設計不要做**

隨孩子成長調整房間擺設 兒童房如同主臥，外牆結構有樑體形成的上下內凹，上凹處理為衣櫃，下凹則先放空，放置嬰兒床與尿布檯等，隨孩子成長陸續調整，未來可擺放床與書桌等，即便是青少年時期也能合理使用。

三層小宅轉折有個性，
實現夫妻的美好大人時光

文——李佳芳　　　空間設計暨圖片提供——十一日晴空間設計

HOME DATA

| 空間地點 | 台北市　　| 坪數 | 27坪

| 格局 | 複層

| 使用建材 | 紅磚、清水模地磚、實木皮、
　　　　　　合板、鐵件、壓花玻璃、
　　　　　　木地板

| 平面圖 |

FLOOR4　　　　　FLOOR5　　　　　ROOF

 　加分設計這樣做

運用傢具界定區域 玄關使用板材加上設計傢具界定，牆面再加上大面的鍍鋅鐵板，可以用來留言記事，而外露的金屬本色增添個性。

　　講究風格感的屋主夫妻，購入這戶格局特別的大樓小宅，單層僅有11坪左右面積，但卻有垂直三層的空間以及屋頂的露台。在滿足育兒生活機能，兼具夫妻放空休閒的需求下，把客餐廳調配在第一層，由個性化鐵梯銜接到第二層的臥室區，而第三層則設計為具有隔絕感的大書房，可以自在看書、聽音樂、曬太陽，放下繁忙事務，偷得清閒。

　　在設計上最為困難的第一層空間，原有廚房位置就在梯下，對於熱愛烹飪的女主人而言，明顯不敷使用。為了替廚房爭取更多空間，刪除廁所的淋浴功能，讓出的梯下畸零角落，則訂製一組電器櫃，大型水波爐整併其中，並且增加了備餐平檯。此外，調動原本建商附贈的一字型廚房，重新把冰箱位置規劃進去，並增加了女主人夢想的小中島與吊架等，在極限空間打造出理想廚房。

　　客廳部分，與玄關交界使用愛樂可合板築半高牆，搭配北歐品牌String的收納配件，打造出具有展示效果的鞋架。這裡沒有電視牆與電視櫃，而是以投影機取代之，平時可以收起隱藏，讓屋外風景自在流入。另一端，營造小房間概念的餐廳，把最漂亮的角窗留給家的重心，特別挑選了薄石材面板的餐桌，加上自然光線的輔助，可以輕鬆拍出料理美照，為女主人的Instagram分享添色不少。

③ 加分設計這樣做

加入屋主精挑細選的戰利品 經常出國的屋主十分喜愛當代設計，在設計師的美感統合之下，把屋主喜愛的設計組織成工業感風格，每一盞燈、傢具、甚至時鐘，都是屋主親挑細選的戰利品。

④ 加分設計這樣做

利用梯下空間增加收納 廁所刪減了淋浴機能，為廚房增加了梯下空間，木工訂製的櫃體把收納發揮到淋漓盡致。

5 加分設計這樣做

以油漆創造仿舊磚牆收納櫃 因為重做衛浴的關係,牆壁刻意突出成為內嵌收納櫃,並且可以用來隱藏管線通路(最底層木板部分),而磚牆利用油漆製造出仿舊的感覺,成為空間風格的重點元素。

6 加分設計這樣做

保留角窗,讓陽光自然灑入 小房間概念的餐廳,保留最漂亮的角窗,利用建築牆凹設計為內嵌櫃,成為餐桌漂亮的背景,滿足女主人自拍美食照的需求。

<table>
<tr><td>⑦</td><td>加分設計這樣做</td></tr>
</table>

擴大更衣室空間，滿足收納需求 第2層格局更改浴室開口，使主臥衛浴成為兩房共用，並且能擴大更衣室的空間，可以放入完整的衣櫃，而畸零的長走道則設計開放式的橫向吊掛，滿足屋主的收納需求。更衣室使用壓花玻璃鋁框橫推拉門，兼具採光與視覺美感。

<table>
<tr><td>⑧</td><td>加分設計這樣做</td></tr>
</table>

以油漆色彩的變化添增臥房趣味 主臥房的空間較為單純，利用油漆色彩的分割效果，帶來視覺變化。不對稱的床頭吊燈選用，增添了樂趣，這也是屋主夫妻喜愛的設計師單品。

<table>
<tr><td>⑨</td><td>⑩</td><td>加分設計這樣做</td></tr>
</table>

整潔俐落的閱讀、娛樂空間 第3層空間為夫妻的「大人時間」，設計以娛樂、閱讀為取向，重新鋪上灰色系地板，加上IKEA系統書牆設計，整體俐落有型。

大膽配色的色彩計畫，
特調的家甜而不膩

文——陳婷芳　　　空間設計暨圖片提供———葉藍朵設計家飾所

HOME DATA

| 空間地點 | 台北內湖　　 | 坪數 | 19坪 |

| 格局 | 2房2廳1衛 |

| 使用建材 | 橡木貼皮、松木集層板、黑鐵烤漆、
沖孔板烤漆、鋁窗拉門、人造石、
西班牙儷仕瓷釉 |

| 平面圖 |

1　**加分設計這樣做**　**傢俱、地毯靈活搭配** 客廳主要重點在於軟裝活動傢具配置與電視牆上的層板，湖水綠沙發、黃色地毯色彩靈活搭配，加上整體木質清爽風，空間感比較耐看。

　　「若身處在一個全白色的屋子，我可能會崩潰吧！」屋主凱西笑著說。「紅配綠也可以！」屋主對用色大膽的接受度之高，連設計師都不免感到詫異。因此設計師嘗試了許多不同材質與色彩計畫，呈現出專屬於屋主夫妻滿屋子繽紛又和諧的特調。

　　由於這是一間十年的中古屋，原始屋況條件不佳，大部分經費都用在老屋重整上，動線幾乎是打掉重練，櫃體形式採取軟裝設計，而省下過多的硬體傢具設施。走廊空間留給餐廳使用，讓喜歡下廚的女主人，充分享受屬於她的美好時光，主臥的回字形走道，為整個空間的亮點，不僅讓動線更為流暢，也是夫妻倆最喜歡的巧思之一。

　　考量屋主夫妻倆的生活習性，一張書桌放在沙發旁，可以邊看電視邊用筆電，比較符合他們的需求，如此一來，便不必配置一間獨立書房空間，主臥簡化了衛浴空間，多出梳妝檯及更衣區機能，原本不在計畫中的貓咪，也有了活動式書櫃當作貓跳台的玩耍空間。

　　整體色彩規劃從牆面漆料、櫃體配色到軟件，都是彼此相呼應，臥室的湖水綠主牆與客廳沙發裡應外合，廚房的銘黃壁磚與衛浴的門框、客廳的裝飾地毯，創造色彩相互協調性。在定調了各區域調性後，其餘空間即以白色及淺色木質來留白，並以少量的黑色點綴，來平衡整個空間的重量，就算小坪數也能多采多姿，整天被色彩環繞住，好舒服、好放鬆。

  有用設計一定做

鐵架與木板形成穿透書架 活動式書架配置在主要走道動線上，以鐵架搭配木板設計，讓空間具有穿透性，而不顯得笨重呆板，後來屋主養貓，書架就成了現成的貓跳台。

4

5

4

4 有用設計一定做

是拉門也是穿搭鏡 更衣室關上拉門時，變成一面穿搭鏡，拉門打開就是一個回形通道，動線比較順暢，空間也更有層次感，並將衣櫃與梳妝檯機能整合於同一側。

5 有用設計一定做

多功能展示傢具 主臥房門一打開，湖水綠主牆帶來放鬆療癒的舒適感，原本床尾衣櫃重新配置之後，牆面設置一個展示小平檯，可以放書、畫和掛包包。

6	有用設計一定做

開放式層板讓工具一目了然 女主人熱愛下廚，喜歡的廚房設計是工具都放在隨手可得的位置，銘黃壁磚上的開放式層板，冰箱旁的沖孔板，完美呈現美味關係。

7	加分設計這樣做

利用角落藏雜物 電器櫃配置在中島旁，廚房比較雜亂的物品和電器全數收置在角落，不但提供充裕的收納功能，又巧妙利用視角完全看不見櫃體的存在。

8	加分設計這樣做

牆面設計巧思 客廳窗戶旁邊加上一小扇透光窗，讓牆面表現更顯靈活，客廳與臥室互相透光而不透影，保有臥室的隱私感，也為客廳窗邊的書桌引入充足的採光。

9	加分設計這樣做

應用畸零空間 衛浴滑門一拉開，映入眼簾的是漂亮的西班牙花磚，並將洗手檯改在入門左側，閒雜物品可以收放角落，馬桶上方多了一個置物櫃，保持空間整潔又不壓迫。

無印風親子宅，
書寫「家」的故事內涵

文——陳淑萍　　空間設計暨圖片提供——森彡設計

HOME DATA

| **空間地點** | 新北市 | **坪數** | 30坪 |

| **格局** | 3房2廳2衛1儲藏室 |

| **使用建材** | 威尼斯特殊塗料、KD木皮板、鐵件、磁性黑板漆、長虹玻璃、板岩地磚、木地板、柔紗捲簾、百葉簾 |

1

① 加分設計這樣做

空間內涵，取決於家人對生活的期待 將隔間拆除，使公共區完全開敞，作為家庭活動核心。天花鎖上兩組吊鉤，可以懸掛鞦韆或健身吊環、瑜珈彈力繩，因著使用者不同的活動形式，賦予空間不同的靈魂與內涵。

　　「孩子的成長歷程，童年就那麼一剎那而已！」深知親子的緊密關係無可取代，於是，腦海裡關於「家」的種種美好規劃，便以孩子的需求、家人的互動，作為設計藍圖。

　　原有的四房改為三房，打掉一面隔牆，將空間釋放，讓開放式的客廳、餐廳兼書房區域更顯寬敞。公共區成為家庭的活動核心，並以書房為主、客廳沙發為輔，尤其兩者中間的區域，包覆著來自家人對生活不同的需求期待，懸掛一座鞦韆，這裡是孩子的遊樂區；吊鉤改掛拉環或瑜珈彈力繩，這裡又變身成為爸爸媽媽的健身運動場地；又或者，讓空間完全留白，可以隨興的發呆、或走或停甚至席地坐臥，因著使用者的活動，賦予空間靈魂與內涵。

　　為了讓「人」成為空間主角，因此在設計時，減去不必要的華麗裝飾，改用較天然的木頭、板岩磚、手感塗料，襯托空間的質樸人文氣息，同時也讓視覺看起來更清爽、沒有負擔。譬如餐廳兼書房，只有木質書櫃、木質掛鉤和窗外綠意，沒有其他多餘擺飾；天花僅以自然木紋修飾部分大樑，不另做間接照明；電視主牆則是採用威尼斯特殊漆，以手工鏝抹後拍打上色，呈現手感柔和又不呆版的細緻質感。除了用天然的建材營造家的舒適溫暖之外，也運用黑板牆，讓空間與人保持「互動」，藉由孩子與家人的留言塗鴉，隨手留下生活印記與成長軌跡，成為「家」中最美的那道風景。

 加分設計這樣做

手工鏝抹灰牆，呈現質樸人文感　電視主牆採用威尼斯特殊漆，由藝術技師現場以手工拉批鏝抹出不規則的紋路肌理，乾燥後再用海綿拍打上色，質感柔和又細緻。下方電視櫃則採用木層板，使收納櫃體輕量化，搭配黑色門片與隔板作為局部點綴。

3 加分設計這樣做

隔門、吧檯、層板，木的各種不同應用　灰色主牆旁的通道，是連接三間臥房的入口，以至頂的木質拉門設計，淡化「門」的界線，打開時能將門片隱藏進灰牆之內。白牆轉角，則用木質板材打造了一個簡易小吧檯，上方木作設計白色洞洞板，配合插銷和層板，擴充出吊掛與展示機能。

 ⑤ 有用設計一定做

隔間凹面打造櫃體、凸面作為黑板牆 玄關與廚房中界，透過「櫃體牆」作為隔間，凹面內置櫃體，凸面則作為塗鴉留言牆，空間左右互補搭配。

⑥ 有用設計一定做

天光相伴，共享書香與飯菜香 將空間中最大開窗的地方留給書房，讓自然光為家鍍上一層書香與木香。這裡是家人閱讀、談心、交流、用餐的地方，書櫃旁邊的單椅角落，則是預留給女兒們未來練習彈鋼琴的地點。

加分設計這樣做

拉左移右，玄關、廚房門片共用 進門玄關，木格柵天花與月球表面般的板岩地磚，彷彿將人帶進大自然裡。鐵件與長虹玻璃打造的門片，藉由左右橫移，可讓玄關與廚房共用。

有用設計一定做

日式和風的主臥收納 收納衣櫃為整片落地滑門，內部不做抽屜，而是鎖上一長條吊衣桿，保留完整大空間，搭配Muji的活動式收納格櫃，可自由依照需求調整收納的堆疊排列方式。

休閒居家簡單生活，
兩人與貓的日常對話

文——陳婷芳　　空間設計暨圖片提供——奕起設計

HOME DATA

| 平面圖 |

| **空間地點** | 台中市　　| **坪數** | 32坪

| **格局** | 2房2廳2衛

| **使用建材** | 櫻桃皮、木紋磚、超耐磨木地板、
　　　　　　大理石馬賽克、六角磚

1

（1）**有用設計一定做**　　**隨書籍自由變化書櫃大小** 活動式書架作為主牆設計語彙，設計師利用五金架手支撐層板，牆面線條簡約，相較制式書架富有彈性，可隨書籍增加而延伸層架變化。

　　一對年輕夫妻和五隻貓咪的日常對話，畫面應該是簡單而溫馨，還有些毛小孩的慵懶帶來生活的寫意，但在一個屋齡十五年的中古屋裡，三房兩廳的傳統格局囿限了生活的想像，實際上也不符合屋主生活型態，於是格局重整成了首要之務。

　　設計師整合生活主要活動空間極大化，客餐廳完全開放，並與書房連結，引入採光與通風，除非是建築結構不可避免的凹口或牆面隔間，才做固定層板，基本上皆以活動式傢具或可調整的壁面系統，讓軟裝得以彈性活用，並創造留白的空間感。

　　客廳選擇懶骨頭替代傳統沙發，使用上收放自如，維持空間的開闊度，同時能兼顧家中寵物清掃維護的便利性。書架則利用牆面或邊柱，收放大量的藏書與CD，客廳書牆使用五金架手支撐層板，壁掛系統可隨書籍增加而配置層板需求，大型雜物與零碎生活用品都歸納在儲藏室。

　　年輕屋主偏好簡單清爽乾淨的休閒居家風格，白色調為主要空間色彩，木質傢具色系加以點綴，臥房選用深色床頭背板，櫥櫃也挑選藍色布紋面的系統傢具，藉由強烈的色彩帶來空間立體感，結合年輕屋主本身別具個性的生活品味，餐桌的吊燈、書桌的檯燈，色彩活潑的燈具設計感，在整體素淨空間營造出畫龍點睛的效果，減法生活從心開始，「Less is more」。

　　加分設計這樣做

巧妙運用畸零空間 利用原先建築物的管道間與新隔間，製造一些凹口牆面提供收納空間，作為屋主收放藏書、CD的需求，書房拉門平時打開時，更有放大小坪數的空間感。

③　　加分設計這樣做

點綴壁燈，讓廚房更具巧思 廚房採用白色鐵道磚，搭配藍色布紋面的系統傢具，有了較為立體的色彩呈現，並加上一盞壁燈巧妙點綴，讓廚房增添活潑的小巧思。

4

④ 有用設計一定做

運用層板形成貓跳台 依照原始建築體結構本身的牆面凹口,正好在窗戶旁利用層板延伸成貓跳台,並做了半掩飾的門片,讓貓咪可以躲貓貓。

5

⑤ 有用設計一定做

活動傢具更能適應生活 書房主要都是活動傢具組成,書桌選擇圓桌搭配設計感檯燈,彷彿享受著咖啡館的悠閒氛圍,窗邊的木作平檯則是為了貓咪設計的活動空間。

6　加分設計這樣做

藍白相間營造空間立體感 由於臥房的衣櫃、燈具、窗簾都是白色，設計師在床頭背板選擇深藍的強烈對比色，從走道看過來，端景牆瞬間產生空間立體感。

7　加分設計這樣做

浴室配搭質感單品，彰顯風格 臥房衛浴因仿大理石材壁磚色彩素樸，選配造型特殊的浴鏡，利用設計感單品點綴樸質空間，洗手檯採取懸空配置，正好可以放置洗衣籃，符合使用需求。

向光生長的家
為孩子打造快樂童年

文——曾令愉　　　空間設計暨圖片提供——禹樂空間整合

HOME DATA

|平面圖|

| **空間地點** | 新竹市 | **坪數** | 50坪

| **格局** | 4房2廳4衛＋車庫

| **使用建材** | 耐候塗料、實木皮、鐵件、超耐磨地板

 多餘設計不要做

不做過多的量體收納 將空間化繁為簡，純粹的白色與溫暖的木質交織，利用充足而不過多的量體收納生活雜物，回歸最單純的清爽家居。

　　本案是一棟屋齡四十年的老透天厝，屋主夫妻為了給兩個孩子更寬敞的成長環境，選擇從大樓公寓搬到這間透天厝。此次裝修主要是針對屋況過於老舊進行重整，加上老屋有著傳統街屋狹長又陰暗的缺點，不論是採光、通風、結構、隱私性與噪音等問題都需要改善；同時，屋主也希望藉此機會改造整體空間風格，期待盡可能明亮而寬敞，並且為孩子營造舒適的閱讀空間，讓家更符合一家四口的生活型態。

　　回歸空間的生活本質，設計師決定以改善採光作為格局改造的主核心，首先將位於樓梯下方卻剛好擋住前後院採光與通風路徑的浴廁挪移至空間底部，並且以穿透式樓梯取代原本的封閉梯間式設計，讓空間開闊且通風。而在格局調整上，則跳脫傳統廚房格局嚴格劃分的觀念，採取開放空間的態度，從玄關、客廳一路延伸至餐廚區，透過巧妙的層次設計，讓空間在開放之中又保有層層遞進的秩序性。而樓梯下方原本被浴廁占用的陰暗區塊，則反而成為最明亮清爽的角落，設計師利用清玻璃隔間讓此區域與充滿綠意的後院相容，並將此處改造為親子閱讀區，同時賦予收納書本的實用機能。

　　試想這樣的生活情境：孩子放學回家，不必再閃閃躲躲空間的雜物與邊角，揹著書包穿過寬敞的客廳，蹦跳奔向在廚房忙碌的媽媽。夕陽西下，從小院子即可感受到日光逐漸變化與推移，而媽媽可以一邊準備晚餐，同時陪伴孩子在中島餐桌上寫作業，一起等待爸爸下班吃飯。家的樣子，不正是該這樣向光生長？

② 加分設計這樣做

捨棄傳統封閉隔間 運用開放式設計引入滿滿陽光，一洗老屋陳舊的印象，開始嶄新生活。

③ 有用設計一定做

重整格局，放大居家空間 樓梯下方原被浴廁占據，是整個空間最陰暗的地方；經過格局重整、移開浴廁後，反而成為全家人最喜歡的小角落。

4

④ 加分設計這樣做   **以清玻璃為牆，讓陽光灑進來** 後院以清玻璃取代實體隔牆，為空間內部帶來採光，同時也能在室內觀覽綠意造景，在這裡讀書寫作一定靈感滿滿！

⑤ 有用設計一定做   **整合牆體與收納機能** 為了騰出最大的室內空間使用地坪，設計師將收納機能與牆體整合，並運用彈性拉門，營造更靈活便利的使用向度。

6

⑥ 有用設計一定做

是樓梯間，也是親子共讀角落 將樓梯間結合書櫃設計，加上與戶外綠景相對，讓原本只是過道的樓梯間也能成為親子共讀角落，創造無處不在的幸福感。

多餘設計不要做

裝潢之前要先釐清自己與家人的真正需求，別在空間
硬塞未曾使用過的機能或裝飾設計，依需求配置機能
設計，若無法滿足需求則不建議做；裝飾設計則建議
局部施作，達到妝點效果即可。

回歸空間本質的設計手法

　　居家裝修是一種個人化需求，無論風格或機能都可能因人而異，然而，新手屋主就像第一次談戀愛般手足無措，加上關鍵時刻總有長輩、好友、同事……等「專家」在一旁熱心指點，結果往往是該做的做了，不該做的也做了，最後造成不少資源浪費。事

圖片提供＿森薈設計

實上，裝潢並非做越多越好，尤其是空間與預算都有限的小資族群，更該把錢花在刀口上，因為回歸空間本質的設計手法才是裝潢新時代的重點，掌握能省則省、該留就留、太花俏別做，用適度設計達到提升居住品質與生活品味的目標。

👉 手法1 | 合用的天花、地面不要動

　　天花板與地板因面積大，常是預算占比上重要項目之一。所幸除了毛胚屋外，一般新成屋交屋時地板與天花板多半已完成，建議裝修時可盡量保留或採局部變更即可。中古屋雖多有現成天地，但屋主應先評估，若堪用也可保留，不但可節省一筆裝修費，拆除費用也可省下不少錢；不過，值得注意的是，天地工程須合併考慮管線問題，還需要做專業評估。

圖片提供__一水一木設計工作室

TIP1　天花板如果沒有雜亂，可不做樑線

圖片提供＿威楓設計工作室

管線沿著牆壁走

中古屋在拆除舊天花板後可檢視，樑線如不雜亂可採用裸露式管路沿著牆邊拉線，呈現出率性工業風格。透過牆色與可調整位置與角度的軌道燈，同樣可為居家營造出溫暖的氣氛。

↖ SIMPLE

沿牆面走的管路不顯雜亂，突顯細節設計。

巧妙將大樑轉作為區域定位線

考量屋內的空間高度稍低，為避免壓低屋高會更有壓迫感，決定不包天花板，且配合客廳與餐廳的分區將大樑轉化為二區的分隔界線，管路則整齊安排，讓天花板可盡量簡化。

SIMPLE ↗

為了讓空間更簡約，可藉樑線來定位空間，且整齊管線也很美觀。

圖片提供＿一水一木設計工作室

TIP**2** 花俏複雜的天花板不要做

圖片提供＿一水一木設計工作室

簡約天花板更耐看

過於複雜的天花板往往多花錢卻無實質機能，因此即使要釘天花板也請避免花俏設計，重點在遮醜、維持整齊，可採局部裝修手法來因應，搭配局部保留天花板可展現屋高與空間感。

＼ SIMPLE

餐廳因較無屋高需求可將天花結合嵌燈做包覆。

圖片提供__一水一木設計工作室

簡潔設計放寬了空間感

狹長格局的空間採用現代簡約的設計風格，在天花板除了必要的空調風口與間接光源，幾乎沒有任何裝飾性設計，展現出清爽空間感，在客廳也採用嵌燈設計避免燈飾干擾天花板。

↖ SIMPLE

素淨天花板僅有必要的燈光與風口，不做其他多餘設計。

地板沒有破裂、翹起先不做

圖片提供＿一畝綠設計

地板狀況分區檢視，預算更靈活

新成屋地板建議都可保留，而中古屋地板狀況若不差也可保留，如此可省下拆除原地板與重鋪新地板的兩筆預算。另外，建議將客廳與房間分區檢視處理，如客廳損壞換客廳即可，讓預算更靈活運用。

↖ SIMPLE

中古屋地坪更新，建議採分區檢視評估換新，更換損壞區域即可。

圖片提供＿一畝綠設計

地板出現明顯瑕疵就該換

地板重做與否取決於是否有明顯瑕疵，如磁磚拱起、木板翹起，或受潮、蟲蛀等破損嚴重，如果要換成木地板，也可檢視原磁磚或泥地，若是地面平整也可不用刨除直接鋪木地板。

↖ SIMPLE

原地板若平整可省去刨除工程直接鋪木地板。

TIP**4** 不必要的照明不要做

圖片提供＿禾禾設計

以自然採光為主，間接照明為輔

照明規劃的重點主要為明亮、氣氛營造與裝飾性，直接照明可
提供亮度，間接照明則醞釀放鬆的空間感，至於主燈則能強化
風格。配置時可依序來決定比重，預算不足時盡量減少裝飾性
設計。

↖ SIMPLE

沙發旁以拋物線立燈取代主燈，一樣
有裝飾效果。

圖片提供＿一水一木設計工作室

小空間可用餐桌燈取代客廳主燈

傳統客廳會安裝主燈來確認空間主從關係，但小坪數住宅建議
客餐廳只須擇一區安裝主燈即可，如案例中運用餐廳吊燈取代
客廳主燈，不僅餐廳有溫暖感，客廳也會更顯寬敞高挑。

↑ SIMPLE

多餘的裝飾燈光不要裝，利用餐廳吊
燈取代客廳主燈，還能讓空間更顯寬
敞。

👉 手法2 │ 不適用的機能不要做

　　新手裝修的迷思之一就是「有備無患」，但過來人多半都知道，通常備用機能都是多餘的。常見的有保留客房、獨立書房、視聽室，或是將過多空間拿來當作未知用途的收納櫃，並非這些設計不好，而是預算及資源有限下須更慎重評估，客房或書房若使用頻率不高應省略；另外，硬做過大、過多的櫃體也不實用，反而容易壓縮生活空間或動線，讓空間感大減。

TIP1　依使用習慣規劃櫃體

圖片提供＿知域設計

太多或太深的櫃子不好用

櫃子並非越多越好，勉強將轉角或過高的區域都設計成收納櫃更是不恰當。主要因為轉角櫃通常過深，取物不容易，過高的櫃子也一樣，若一定要做，則應搭配轉盤或下拉五金做輔助。

↖ SIMPLE

電視牆不做滿樹櫃，局部留白設計更清爽。

圖片提供＿禾禾設計

適度留白的層板牆更漂亮

別將餐櫃擴大成為餐廳主牆櫃，餐桌旁只需一座斗櫃，加上層板與簡單有型的瓶罐擺設，以適度留白創造更多生活美感，讓回家就像是走進特色餐廳一樣地充滿質感與生活美學。

↖ SIMPLE

鮮明色彩的飾品點綴是白牆最佳搭檔。

TIP**2** 立面設計盡量保持單純

圖片提供__禾禾設計

透過實用設計也能創造風格

如果住家裝修不是用來炫耀風格的，那麼立面設計是否應重新
思考複雜裝飾的必要性呢？電視主牆真的需要大面石材，或是
木作包覆嗎？其實透過實用設計或簡單櫥櫃也能創造風格！

圖片提供__禾禾設計

↖ SIMPLE

義大利漆作搭配烤漆線條整合牆門，
放寬電視牆。

用牆色或活動式裝置取代固定裝修

漆作是高**CP**值的裝修手法，除價格便
宜、更換色彩也容易，因此，可多利用
色彩在牆面創造設計感；也可運用造型
掛鉤、洞洞板等活動式裝置取代固定裝
修，讓立面保有靈活性。

← SIMPLE

雙色漆牆與掛鉤裝飾讓牆面不單調、有
質感。

TIP**3**　別硬塞用不到的機能或裝飾設計

圖片提供＿知域設計

減去多餘的無用設計

對無法另闢更衣間的住家，牆面是收納設計的重點，但過與不及都不好。建議先以紙筆記錄並分類自己的收納需求，別硬塞用不到的機能，能留白的立面也別做太多裝飾設計。

↖ SIMPLE

電視側牆以層板與植栽取代櫥櫃增加紓壓端景。

圖片提供＿禾禾設計

立面設計最好保有多元彈性

家也會隨著生活一起成長，如果一開始就將立面做滿固定櫥櫃，日後可能反而受限，除了木作櫃，也可考慮以市售的活動傢具取代，依據現階段需求來挑選，未來要更換也較容易。

↖ SIMPLE

用活動傢具取代固定木作，立面留白更紓壓。

TIP4　保持客廳通道暢通

圖片提供＿一水一木設計工作室

精緻取捨客廳傢具

小宅因空間不大，因此在傢具的配置上更要有所取捨，客廳內除了不要購買過大的沙發外，也可考慮省略茶几等配件，尤其是有小孩的家庭，應盡量保持客廳通道的暢通以避免不便。

↖ SIMPLE

可運用輕巧腳凳取代沙發，或者運用邊桌取代茶几。

平檯取代沙發創造靈活座位區

小客廳無法放太多傢具，但座位區仍不足者可利用窗邊做架高平檯或座榻來因應，座榻可增加收納機能，但小空間恐有壓迫感，可用矮平檯搭配座墊創造更多可靈活應用的座位區。

← SIMPLE

為了靈活運用空間，架高地板或平檯搭配座墊就可創造座位區。

圖片提供＿一水一木設計工作室

TIP5　不順手的櫃體不要做

圖片提供__一水一木設計工作室

別做只收不能用的禁閉櫃

櫥櫃從地面直達天花板好像可容納更多東西,但可以儲藏更多
物品的高櫃卻常因不好拿取,而讓裡面的東西彷如失蹤,再也
不會拿出來用,結果變成只收不能用的禁閉櫃,反而是浪費空
間。

↖ SIMPLE

不如將不順手的區塊開放做層板櫃或
留白,讓空間更有彈性。

圖片提供＿知域設計

層板與小道具省裝修換來更多風景

家不一定要數十年如一日，善用洞洞板或可移動式層板設計，讓牆面可以隨著換季或是節慶來變化出不同的裝飾，即使做收納也可以因應不同物品來做高度的調整，讓立面牆有更多不同的作用。

↖ SIMPLE

半高櫃搭配可移式層板，給家更意想不到的風景。

TIP6　大型櫃體減少做

圖片提供__知域設計

採用懸空或不加門片的設計

在做大型櫃體前要多想一下，首先不同類型的物品都集中一起收納適合嗎？櫃子尺寸是否合適？其次是櫃子會不會對空間造成壓迫感？為避免讓家裡顯小，可採懸空或局部不加門片的櫥櫃設計。

↖ SIMPLE

懸空設計可讓牆櫃感覺輕盈、避免空間顯小。

圖片提供__知域設計

座榻式收納取代牆櫃更好利用

小空間若真的需要大容量的收納櫃，也可考慮以臥榻式收納取代牆櫃，同樣可以放置大量的物品，但是對於空間的壓迫性較小，而立面則可做輕鬆的擺飾與局部層板設計。

↖ SIMPLE

開放的層板牆櫃沒有門片，可以避免空間被壓縮。

手法3 | 過多的裝飾就別做

需不需要裝飾性設計的確是見仁見智,但小住宅仍應以實用設計為優先,造型裝飾設計為輔,避免裝飾性過多而喧賓奪主。常見的主牆設計以大量木作或石材裝飾設計,所費不貲外也容易造成視覺壓迫感。此外,為了某種風格硬要做的裝飾元素也會造成格格不入的感覺,例如古典線板、過多木作,應避免太多裝飾,導致空間被切成好幾個區塊,少了應有的留白。

攝影__王正毅

TIP1　減少過度裝飾的牆面

圖片提供＿一畝綠設計

以漆作牆面取代多餘裝飾

裝修主要目的在於追求更完善的生活機能，因此，過度裝飾易淪為畫蛇添足。牆面裝修重點應以機能滿足為要，依個別需求考量影音觀賞、收納需求，以及畸零格局的調整修飾。

↖ SIMPLE

因空間深度問題，以漆作牆面取代多餘裝飾。

圖片提供__一水一木設計工作室

掛畫取代裝飾造型也可以

如果不喜歡過於單調的牆色，可以挑選特殊牆色來做裝飾，若
仍擔心牆色會太過顯眼不習慣，也可以選擇與空間風格相符的
掛畫來裝飾牆面，就算過一段時間不喜歡還可更換。

↑ SIMPLE

用餐區可挑一幅色彩鮮豔飽和的掛
畫，較能提振食慾。

TIP2　空間結合過多風格太撩亂

圖片提供＿賀澤室內裝修設計

傢具與空間的相輔相成

統一風格並非設計中最重要的事，混搭風也很棒，但要注意同一空間若結合過多風格容易顯得撩亂！案例中將裸露管線與北歐風木櫥櫃、傢具並陳，再透過得宜色彩調和而有獨特性。

↖ SIMPLE

漆白管路略顯收斂，在北歐風空間也不突兀。

掌握原則混搭不亂搭

混搭設計應掌握色調主從關係，且同空間盡量不超過三種風格為宜，案例以無印風木皮搭配水泥平檯，再加上粉紅色漆牆，三種看似不同風格的混搭，卻因為有相似的低彩度而契合。

← SIMPLE

低彩度的灰色、粉紅色、木皮揉合出溫暖混搭風。

圖片提供＿一畝綠設計

TIP3　每個空間都要使用成套傢具嗎？

圖片提供＿賀澤室內裝修設計

不成套的傢具配置更有個性

早期傢具店會以成套傢具推銷，但隨著屋主對於室內裝置越來越有主見，居家使用成套傢具比例大減，若空間夠大仍可選擇同款不同色，依空間長寬比與座位需求來選配成套傢具。

↖ SIMPLE

灰色主沙發配藍色單椅比成套傢具更顯輕盈放鬆。

圖片提供＿贊澤室內裝修設計

客廳不用被**3+2+1**的成套傢具綁架

如果客廳空間不大，就應放棄傳統成套傢具的配置，改以雙人
或三人主沙發，再選搭單人椅、或是椅凳靈活應用，同時單椅
也不需要同款式、或同色系，可藉由單椅來作跳色設計。

↖ SIMPLE

除了沙發不限於成套，不同色的餐椅
也能讓餐廳更活潑。

TIP4 窗簾與傢具不成套也無妨

圖片提供＿一畝綠設計

找出沙發與窗簾的共通點

布質沙發與窗簾採同款布料設計可以讓空間更有整體感，但這樣的原則卻非定律，不成套設計有時反而能夠創造更多層次感，重點是兩者有沒有共通點，像是椅腳與布質簾的木質成為共同細節。

＼ SIMPLE

歐風木百葉簾與絲絨藍沙發雖不成套，但極契合。

圖片提供＿賀澤室內裝修設計

從空間中尋找窗簾最佳色系

最好的裝飾就從機能設計做起，窗簾正是集機能與裝飾的重點
設計，從窗簾材質、光澤到圖案、色系搭配都能為空間創造風
格。而最關鍵就是色系，可由牆色或主傢具中找出重點。

↖ SIMPLE

同色系的粉紅牆色與藕紫色窗簾展現
和諧夢幻感。

TIP**5**　避免過度使用混合材質

圖片提供＿＿一畝綠設計

以同色系的異材質做變化

材質的選用除了能給不同區域最佳的機能，其質感差異也可創
造出空間層次感，同樣是設計的重要考量。但同一空間若過度
使用混合材質的手法卻易造成沒有系統性，缺乏整體感。

⬉ SIMPLE

天花與牆面以同色調的異材質來做出
變化。

圖片提供＿一畝綠設計

太多色系容易讓空間顯髒亂

材質與色彩計畫均應有主從關係，例如以水泥牆地的顏色為主調，搭配木作來調節空間溫度，呈現雙色主軸，配件則選擇橘、黃抱枕呼應木皮色，至於綠色窗簾可襯托水泥質感。

↖ SIMPLE

確定主色後配件以主色的相鄰或對比色為首選。

有用設計一定做

所謂「有用設計」是指能解決、改善生活中的不便，
甚至是必須使用到的設計、機能、設備……等，既然
能解決問題、適應生活，那麼在裝修時就得優先考量
且一定要做。舉例來說，先天空間條件沒有採光優
勢，便可藉由後天設計的巧思，找回空間感及滿室的
採光。

讓有用更好用的設計手法

　　所謂「好的設計」很主觀，再多、再美的設計，不一定適合自己，但要打造住起來輕鬆舒適的家，仍有一些準則是在裝修前可以事先留意的部分，這些設計上的重點，能讓空間達到最有效的應用，譬如「動線隔間」的配置，影響空間中移動是否順暢；好的「燈光安排」，能滿足家人的照明要求，也能為空間氛圍加分；良好的「收納規劃」，能往上往下發展，為家中爭取儲物空間；「複合多工」或暗藏玄機的「隱藏機能」，

則能透過聰明多元的應用，提升坪效；「替代材質」的運用，則能在不犧牲設計質感之下，節省不少裝修經費。

　　雖然空間坪數是固定的無法變動，但透過有用、好用的設計，能貼近使用者真正的生活所需。想一想，列出哪些設計是必須要做？哪些是需要？哪些是想要？在有限的預算中，將費用花在刀口上，打造出自己心目中理想的「家」。

👉 手法1 │ 動線隔間非做不可

　　不論是大宅或小房，打造出舒適空間的祕訣，「動線」與「隔間」規劃絕對是重點！動線的安排，關係到空間中的移動路徑是否順暢；「隔間」則和是否能將空間分割出合適使用型態、不造成空間或走道的浪費息息相關。

　　每個空間單位考量其使用頻繁度，再來安排合適的動線序列，決定開放、封閉或半開放等隔間型式，找出最符合自己與家人生活使用需求狀態，安排得宜，甚至能達到放大空間、將空間坪效極致發揮的優點。

圖片提供__非關設計

TIP1　雙面動線提升空間坪效

圖片提供＿KC design studio均漢設計

圖片提供＿KC design studio均漢設計

提高錯層空間坪效的雙向利用

14坪的小型住宅，以高低、錯層方式，分割切出各不同空間單位，其中，位於2樓夾層區的臥房，以灰色半高櫃提供安穩的床鋪靠背，後方並可作為更衣室的衣物層架收納。

↖ USEFUL

夾層區的臥房高度，特別針對屋主身高設計，雙面動線的半高牆櫃，能提高坪效之外，也讓小空間不感覺到壓迫。

雙向床頭櫃，圈圍衛浴與更衣空間

白色半高石材量體，打造出雙面可用的多元機能。床頭側以內凹設計出插座與置放手機、書籍等小物平檯，背後則延伸成為盥洗與化妝檯，不需門片或另設走道，便能與衣櫃圈圍出獨立的更衣空間。

USEFUL ↘

盥洗檯的出水口，透過懸吊鏡櫃配置管路，使石材櫃體中段通透淨空，營造輕盈視覺感。

圖片提供＿森境＋王俊宏室內設計

TIP2　電視牆隔一半，空間立刻放大

圖片提供＿北鷗室內設計

圖片提供＿北鷗室內設計

分隔出機能小書房的矮牆

白色半高電視牆，有如隔屏般將空間劃分為客廳與小書房，不完全封閉、維持上方通透，使視覺延伸不壓迫。地坪則透過木質與花磚，強化內外；同時透過局部木天花與灰牆，運用材質、色彩拉深空間層次感。

↘ USEFUL

電視櫃側邊以白色木作短牆包覆，增加穩定度，上方斜切一小角，讓空間看起來活潑不呆版。

圖片提供＿十一日晴空間設計

讓空氣穿流、視覺通透的灰階趣味

灰色，在色彩上是黑與白的中間地帶，一如這座電視半高牆，
作為客廳與書房的過渡，使目光有所遮蔽不致一眼望穿，又能
維持室內整體的通透。牆下方挖鑿一條帶狀凹槽，作為視聽用
品收納，結合鐵件材質打造深淺不同的灰階趣味。

↑ USEFUL

灰色量體每個面向皆具收納機能，側邊為
收納格櫃，背面則為書桌與層櫃。

是屏風又是櫃體

圖片提供__寓子設計

圖片提供__寓子設計

當黑白相遇，如同晝與夜的對映

透過黑白兩色鋪陳的空間，入門玄關屏風式櫃體，如同黑夜與白晝般，形塑簡潔有力的時尚風格。正對大門的黑色開放櫃，可作為屏風功能與收納展示藝品之用，懸吊形式則能提點些許輕盈。

← USEFUL

黑色展示層架內部以不規則多邊形增添變化；背面則採用磁鐵板材質打造，可供留言或圖畫創作。

圖片提供__路裏設計

圖片提供__路裏設計

善用屏風櫃，創造通透空間交流動線

進入主臥前會先經過更衣室走道，入口處運用收納櫃作為屏風，可以阻擋視線直穿、提升隱私性，兩座收納櫃左右擺放，創造出回字格局，使空間保持內外緊密的交流動線，旁邊則結合一座黑網石大理石洗手檯，方便整裝梳洗。

← USEFUL

櫃體材質背面為手工塗料，櫃體為鐵件搭實木貼皮染色塗裝，側邊做成開放層板形式，方便常用物品的儲放。

TIP4　創造通風無礙的格局

圖片提供＿北鷗室內設計

減少封閉，讓家人的對話溝通多一些

抹去封閉隔間牆，讓家的尺度開放延展，空間轉換，則以人字拼貼的木地坪與六角形花磚地坪，暗示過渡變化。立面鋪陳清淺的淡藤色，中央則減少電視櫃比例，改為精簡的電視立架，讓家人可在不同角落隨時互動，維繫家的緊密溝通。

↑ USEFUL

客廳與餐廳之間佇立旋轉電視架，輕巧不累贅，也能從不同座位面向觀看。

圖片提供＿＿北鷗室內設計

尺度開敞卻層次分明的分界檯高度

空間以降低高度的矮牆分隔，包括書房的木作矮牆、餐廳的磁磚矮牆，既能有清楚的分界，又不會將空間零碎切割、變得狹小。丹寧藍烤漆的木作線板矮牆，上方加裝木質平檯收邊，讓觸覺更為舒服。

↖ USEFUL

圈圍吧檯的矮牆稍稍提升高度，可遮蔽廚房工作區，避免視覺上的凌亂。轉角磁磚以45度導角斜切接合，雖然增加施工難度，但整體更美觀。

TIP5 取代封閉實牆的隔間安排

圖片提供__森叁設計

淡淡鄉村風，清透無壓的光盒書房

書房以半高牆搭配玻璃作為隔間，視線可自由穿透，前後相互引光。灰綠烤漆線板牆與白色文化石磚彼此襯托，散發清新鄉村風味。矮牆與玻璃中間，運用木質作為異材質相接的收邊，玻璃上方並預留窗簾框，未來也可將書房轉作小孩房或客房。

↑ USEFUL

書房拉門同樣以清玻璃打造，拉門邊框加裝鐵件，並特別設計了加裝軟墊的洗槽溝縫，緩減關門時的玻璃碰撞，透過小設計提升安全性。

圖片提供＿寓子設計

圖片提供＿寓子設計

圖片提供＿寓子設計

視需求定義為牆體或門片

將客廳後方空間的實體隔牆完全拆除，改以左右拉門取代，這裡可以是書房、閱讀休息區，需要時也能轉作臥房使用。懸吊五金滑軌的鐵灰鋁質門片，搭配隱約透視的長虹玻璃，關閉時也能維持空間的通透明亮感。

↖ USEFUL

市面上各種不同的玻璃材質，譬如清玻璃、長虹玻璃或灰玻、茶玻、鏡面玻璃等等，可依據個人的隱私遮蔽需求來選擇搭配。

👉 手法2 | 良好採光一定要做

　　舒適的光線安排，不但能滿足視覺照明需求，同時還能透過光線強化空間層次、營造氣氛，畫龍點睛地突顯設計感。但由於每個人對於光的感受性不同，加上空間機能用途不同也有著不同照明要求，因此，在設計燈光與挑選燈具時，除了直接照明、間接照明、燈的照度、亮度、色溫、功率、照明角度等須計算考量之外，佈局時還有其他影響因素，包括採光條件、格局坪數、空間色彩、傢具搭配性等等，綜合評估後，才能使燈光與空間設計做出絕佳搭配，調整出最合乎家人需求的採光照明。

圖片提供＿＿北歐室內設計

TIP1　從功能性燈光開始佈置

圖片提供__北鷗室內設計

磁吸軌道燈**VS**植物燈

依機能用途，安排配置了一般照明與局部照明。兩座垂掛吊燈，為大桌帶來充足光線；桌旁立燈，藍、黑、橘燈罩內採用植物燈泡，為室內植栽補充生長所需的全光譜與波長。天花上的黑色燈盒與軌道燈，則可調整角度打亮室內或作為間接照明之用。

↑ USEFUL

新款軌道燈採磁吸設計，燈座無電線連結，而是透過軌道與底座磁吸的特殊設計提供電力，換燈泡或調整燈座位置時可直接拆下。

圖片提供＿北歐室內設計

燈序列作為隱性分界，讓區域更定位

入門玄關，一盞櫥櫃燈照亮夜歸人腳步。開放式廚房，透過吊燈線條與金屬收納吊架圈圍出工作區域，吊燈與內嵌燈條的吊架，為夜晚的烹煮強化照明，柔和燈光映照美食，也溫暖凝聚家人的心。

↑ USEFUL

吊燈與吊架燈條位置安排於L型吧檯上方，才不會因背光角度產生陰影。

TIP2　運用投射燈、間接燈作為空間過場

圖片提供__北鷗室內設計

沐浴在疏密變化的光之廊道

透過木天花設計,將燈具隱藏於格柵之內,藉由木條過篩光源,猶如天光灑下,形成一束一束的光影序列效果,幽幽燈光襯托使空間氛圍轉換,行走其間,思緒也跟著慢慢沉澱。

↑ USEFUL

廊道前後兩端的局部格柵,增添天花層次感,光束線條同時也有拉高空間比例的視覺效果。

圖片提供__禾築設計

圖片提供__禾築設計

不鏽鋼金屬材質反射光影

客廳沙發背後有一條長長過道，過道天花以金屬板打造，上方設計了條狀光溝與三角燈盒，產生柔和均勻照明與放射狀洗牆燈兩種不同光影效果。灰色壁面另外鑿刻出L型燈槽，作為燈光的上下呼應。

← USEFUL

壁面使用手作漆與薄片磚，低彩度的灰色立面，在光照之下也能有著豐富的細節質感變化。

TIP3　　自然採光為主，搭配燈光為輔

圖片提供＿北鷗室內設計

圖片提供＿北鷗室內設計

開一扇天窗，讓自然光輕灑流瀉

客廳天花，以白色線板搭配節理明顯的木材質，加上兩個天窗的設計，讓空間就是像是森林裡的鄉村小木屋，充滿自然悠閒情調。天窗與立面高窗援引自然日光入室，白天光線豐沛完全不必開燈。

← USEFUL

透過四盞嵌燈與沙發旁的立燈、桌燈輔佐，確保夜晚照明均勻且充足。

圖片提供__KC design studio 均漢設計

天井日光VS照明燈，演繹出明亮好時光

為了改善傳統長形透天老屋內部的採光問題，將天花樓板局部
移除，改為強化玻璃的天井設計，白晝時自然天光灑落一室清
新，夜晚則由軌道燈、筒燈、吊燈接力搭配照明。

↑ USEFUL

餐桌吊燈，電線以捲繞方式固定於實木橫
樑上，有種隨興風味，也方便之後調整吊
燈高度。

TIP4   搭配燈具款式不宜過多

圖片提供＿北鷗室內設計

多元光源，也要留意風格調性的掌控

居家的燈光規劃，須避免單一光源模式，最好能以多元的照明形式搭配，創造出符合不同使用情境的燈光需求。但在燈具款式造型挑選上，則不宜過度紊雜，才能掌握風格調性，讓美感與照明兼顧。

↖ USEFUL

餐桌上如花火般綻放的吊燈極為搶眼，其他燈款則應盡量選擇低調或風格相襯的品項。

黑色燈具俐落線條，風格歷久不敗

適度留白的空間背景，搭配設計感濃厚的傢具傢飾單品，局部黃、紅色彩搭配，讓人眼睛一亮，也形塑出令人著迷的北歐風格。燈具挑選特別以黑色為主，包括餐桌吊燈燈罩、軌道燈與懸臂燈，色彩與線條簡約俐落，風格歷久彌新。

← USEFUL

懸臂式燈具，照明的延伸移動範圍較廣，使用上具高度自由性與變化性。

圖片提供＿北鷗室內設計

TIP5 運用燈光鋪陳睡寢氛圍

圖片提供＿禾築設計

圖片提供＿禾築設計

床頭間接燈，柔和、療癒、減壓

藍色系臥房牆面，搭配白色床頭矮牆，營造出
清爽無壓的睡寢氛圍。白色床頭牆內藏間接燈
光，光線由下往上均勻柔和地打亮，臥房不產
生暗角，空間視覺看起來更舒適、更放大。

← USEFUL

白色木皮床頭矮牆邊緣以金屬板收邊，多了線
條層次感，此外，金屬反射也能使燈光照明度
效果更佳。

圖片提供__北鷗室內設計

爭取檯面使用，將床頭閱讀燈收整於牆面

主臥床頭閱讀燈，以壁燈取代傳統檯燈，並將開關、插座等設計收整於牆面上，床頭檯面簡潔素淨，有更充裕的空間可擺放睡前讀物、手機，不會因為要擺燈而占用面積，也不用擔心不小心弄倒燈座。

↑ USEFUL

床頭燈採用無段式旋轉調光設計，可因應閱讀與睡眠等不同光照需求。

👉 手法3 ｜ 機能收納千萬不能少

　　收納的設計，通常與家庭成員人數、生活習慣、空間大小息息相關。雖然坪數固定無法變動，但透過良好的收納機能設計，譬如往上、下發展爭取空間，以及複合多工或暗藏玄機的隱藏機能，藉由各種適切方法，能讓空間無形放大。然而，不論是大房子還是小空間，收納仍以合理且便利存取操作為原則，畢竟收納是為了物品儲放與歸類，而非屯物品、藏東西。好好地檢視生活需求、妥善規劃，才能讓家住起來更舒適！

圖片提供＿北鷗室內設計

TIP1　隱形機能設計

圖片提供＿HATCH 合砌設計有限公司

圖片提供＿HATCH 合砌設計有限公司

圖片提供＿HATCH 合砌設計有限公司

床組收進壁面，將空間尺度釋放

舊有實體隔牆拆除，改為雙面可儲物的櫃體，區隔出臥房兼多功能室，空間用途更富彈性。房內床板可收納隱藏於壁面，透過脫縫設計作為床下拉時的取手，使立面保持簡潔。

↑ USEFUL

以特殊五金設計，床板上掀、下折時，床腳也會隨著自動收起、放下。

圖片提供＿森叁設計

旋轉、隱藏，輕巧彈性的
活動餐桌

由於屋主沒有在餐桌用餐的習
慣，因此餐廳的桌子設計成活動
式備餐檯形式，將一端固定在軸
板上，另一端可90度旋轉，需
要做點心揉麵糰時可打開拉出桌
子，不用時則連同桌面與桌腳，
收闔隱藏於白色櫃體之中。

↙ USEFUL

旋轉機能桌，檯面為石材紋路美
耐板，邊緣以圓角設計，桌腳採
鐵件製成，底下滾輪則有擋片可
固定。

圖片提供＿森叁設計

圖片提供＿森叁設計

TIP2　用櫃體轉換空間

圖片提供＿懷特室內設計

移動式櫃體，自由調度書房與客房

書房後方的黑色書櫃，由上至下結合了格櫃、抽屜與門片櫃等多重收納機能，底下配置輪子，一秒便可化身為移動牆。此活動式彈性隔間，往左側挪動後，釋放書房尺度給右側空間，可將此區變身成為客房使用。

↗ USEFUL

右側空間牆體內隱藏了一張標準尺寸雙人床，需要時向下拉出，就能作為客房睡寢之用。

圖片提供＿＿KC design studio 均漢設計

圖片提供＿＿KC design studio 均漢設計

圖片提供＿＿KC design studio 均漢設計

旋轉電視櫃，轉出空間互動新關係

開放式格局中佇立一根黑色金屬旋轉軸，可180度迴旋轉動的
電視櫃體，能依需求調配空間尺度，運用非制式的旋轉櫃隔間
手法，隨時改變客餐廳彼此關係，櫃體斜角造型線條，也能使
動線保持流暢節奏。

↑ USEFUL

旋轉櫃一面內嵌電視機與視聽櫃，另一面
則是作為開放書架。

TIP3　　複合多工機能創造彈性生活

圖片提供＿懷特室內設計

圖片提供＿懷特室內設計

圖片提供＿懷特室內設計

如變形金剛般的自由組合變化

藉由活動隔間的組合，可將多功能室依不同使用需求，變身成
各種機能空間。右側的藍色壁面，配置下折式書桌板；另外兩
座藍色移動式的臥榻櫃體，則可排列成一字、L型，或兩片對
合變成一個小包廂臥榻。

↑ USEFUL

移動櫃體設計了格櫃與抽屜收納，立面另
外加裝一個滑軌窗戶，打開便能欣賞窗外
風景。

圖片提供＿KC design studio 均漢設計

圖片提供＿KC design studio 均漢設計

圖片提供＿KC design studio 均漢設計

形隨機能，複合多變的旋轉餐桌

為了讓小型住宅包覆各種生活機能，設計師特別運用複合多功
的設計，將傢具與櫃體結合，透過活動式旋轉檯面，使流理檯
與餐桌二合為一，在需要時轉出、不用時靠牆收起，多變的使
用方式豐富各種生活情境。

↑ USEFUL

活動式流理檯，搭配旋鈕五金與滑輪桌
腳，便能輕鬆旋轉拉出作為餐桌使用。

開放與封閉式收納的搭配應用

圖片提供＿北鷗室內設計

爭取窗邊空間，讓收納向上發展

臨窗的一字型櫃體，以木質搭配粉色烤漆，櫃面透過洗溝槽做出律動感的線性裝飾；天花的鐵件吊架層板，內藏燈光，可作為開放式展示平檯，也可吊掛衣服，將經常穿的或穿過尚未要換洗的外套衣服，吊掛此處保持通風不悶濕。

↑ USEFUL

吊掛天花的鐵件層架，不落地、不占位置，能爭取窗邊空間、提升坪效。

層板格櫃、門片儲物，
虛實打造美型收納

白色櫃收整儲藏生活日用品，中央挖空的深色層板，則可擺放書籍或造型收藏品。矮隔屏界定的開放空間，背景櫃牆便成為了視覺端景，同時具備封閉與開放的收納安排，既美型又不會讓視覺感覺凌亂，也呈現出櫃體的虛、實對比趣味。

圖片提供＿北鷗室內設計

← USEFUL

層板內大小不同的黃、綠、藍跳色格櫃，增添色彩與律動活潑感。

TIP5　利用不規則板材營造立體書櫃

圖片提供__森叁設計

加深空間感的小房子收納櫃

壁面打造出內凹的收納展示平檯，以木材質搭配尖頂造型，就像是「房子裡面還有小房子」的趣味設計，可作為入門後隨手擺放小物、鑰匙之處，也可展示小朋友陶土作品或大人的收藏品。

← USEFUL

玄關一側為內凹式造型櫃，對面則是反射鏡面，能達到放大走道、加深空間的視覺效果。

圖片提供__森叁設計

圖片提供__森叁設計

圖片提供＿奕起設計

圖片提供＿奕起設計

活潑律動的格櫃與貓走道

在有限預算之下，採用IKEA的方格櫃與書櫃，高低錯落的設計安排，使視覺多了音符般的韻律跳躍，同時這些高高低低的收納展示櫃，也是屋主毛孩的遊戲平檯與活動通道。

← USEFUL

壁面的方格櫃穿插使用藍色，與淺木紋做出調和變化，同時也與空間背景的藍互為呼應。

👉 手法4 │ 廚衛設備認真用心挑

　　廚房、衛浴空間，是家中與基本生理需求最密切相關的區域。合理的動線配置，能讓料理時不手忙腳亂，一早起床的盥洗沐浴動作更順暢。水電線路與排煙、除濕等，以及地坪、面材防水抗汙材質的挑選，這些攸關使用安全、清理維護的基本面，在裝修前須特別留意。

　　另外，廚房依照不同的煮食習慣，可規劃開放式或隔門阻擋油煙，而不論櫥櫃為一字型、L型、ㄇ字型或配備中島、吧檯的設計，皆須考量檯面高度要符合使用者人體工學。電器或廚櫃、浴櫃用品的收納分類，可依平日使用的頻繁度再來規劃擺放位置，讓廚衛空間具有實用便利性，也能保持美型設計。

圖片提供＿奕起設計

TIP1 廚房燈光要明亮

圖片提供＿北鷗室內設計

圖片提供＿北鷗室內設計

特製層板燈，點亮美味料理與好心情

一般廚房的主燈（吸頂燈）通常都在使用者背後，做菜時背著燈光，易產生照明不足與暗影問題，料理時相當不便、切菜也危險。建議在廚房上櫃或層板底下，安裝櫥下燈或訂製燈，照明更清楚，心情也會隨著廚房空間一起明亮起來。

← USEFUL

附燈光的長形小層架，是廚房專用的五金系統，上方可放常用小物與待晾乾的杯碗，下方則為吊架。

圖片提供＿禾築設計

圖片提供＿禾築設計

金屬槽去蕪存菁，讓廚房質感更細膩

淺灰色的空間基調，透過局部妝點的不鏽鋼材與鏡面，藉由反射的特性，讓空間光澤隱隱變化。依照屋主的收納習慣，捨去廚房常見的傳統上櫃，改以細長不鏽鋼金屬槽來取代，金屬槽下方並搭配間接燈，充分補足工作區的照明需求。

← USEFUL

具收納與照明機能的金屬槽，表面拉絲處理呈現細膩質感。

TIP2　選對廚房背板讓空間煥然一新

圖片提供＿北鷗室內設計

寫意鉛筆紋，鋪陳時尚廚房背景

廚房的櫃門或立面底材，最好不要挑選網格或凹凸紋路太深的面板，平滑、無縫表面較不易卡油煙汙漬，方便日後維護。空間案例中，採用鉛筆紋線條的薄磁磚，面材平滑容易清理，又能突顯空間時尚美感。

↑ USEFUL

共三大片的薄磁磚，採無縫銜接施工處理，接合表面幾乎不留痕跡。

圖片提供__森叁設計

圖片提供__森叁設計

用局部個性黑灰，中和珠光的柔美

白色廚櫃視覺清爽、經典百搭，上下櫃中間的底牆，選用
淡粉彩、珠光色澤的鱗片狀磁磚，每四小片為一組，透過
層層疊疊的排列，讓小空間的視覺藉以延伸、放大。磁磚
立面上的黑鐵件掛桿，則在細膩柔美中增添一點個性。

← USEFUL

廚房上櫃左側的開放格櫃選用深灰底板，用色彩呼應餐廳
裡的薄石板檯面餐桌。

TIP**3** 注重廚房設備的美觀與實用性

圖片提供＿＿北鷗室內設計

打造一個溫暖自然的饗食空間

樸實溫潤的木質櫥櫃，搭配大中島與餐桌，料理工作檯面寬敞有餘裕。深藍色塊為天花勾勒描邊，與六角形地坪，揉合出低調復古。不將上櫃做滿，而是改用層架收納，優雅舒適的廚房設計，表現一個家最幸福的樣貌。

↑ USEFUL

特別挑選不易潮、防火的木紋板材，兼顧廚房的安全性與設計感。

圖片提供＿寓子設計

圖片提供＿寓子設計

收闔瑣碎，生活就該如此簡單純粹

走進餐廚區，白底色空間，僅以局部黑色櫃體，使日用電器的收納整齊完備。白色畫布般的巨型拉門，上方安置掛鉤可吊掛帽子外套，拉門全關，便可將廚房內柴米油鹽的生活細碎，全部收闔隔離於無形，只剩簡單與素淨。

← USEFUL

餐桌旁配置洗滌吧檯，方便備料或點心製作，側邊的座榻內附收納抽屜。

TIP4　浴室櫃子不落地

圖片提供__禾築設計

積木堆疊與漂浮，讓沐浴格外有趣

灰色六角形的磁磚壁面，積木般方塊堆疊、局部亮黃跳色，讓衛浴空間不再枯燥乏味。壁掛馬桶與洗面檯、鏡櫃，底下透空，減少卡髒汙死角，讓空間更好清理、視覺上更輕盈。

↘ USEFUL

壁掛馬桶後方的水箱，以相同磁磚貼面，加上不鏽鋼裝飾收邊。水箱上方，也是置物小平檯。

外置式洗手檯，提升使用便利性

將洗手檯獨立拉出，與浴廁空間分離，使兩個機能各自分開使用，沐浴洗澡空間更為寬敞，早晨家人們趕上班上學時，也能有效節省時間、提升日常便利性。走道底端壁掛式檯體上置面盆，搭配懸吊鏡櫃收納，使檯面保持淨空不凌亂。

← USEFUL

洗手檯櫃門特別挑選霧金色把手，巧妙地為櫃體挹注一分精彩亮點。

圖片提供__北鷗室內設計

TIP5　乾濕分離的衛浴設計

圖片提供＿北鷗室內設計

圖片提供＿北鷗室內設計

地磚、玻璃門，砌築出乾濕不同領域

壁面使用了大器優雅的大理石紋壁磚，邊緣以
金色線條提點出一絲華麗感。衛浴空間同時擁
有大浴缸與淋浴區，淋浴區透過金屬框玻璃
門，切割出乾濕分離的設計，就連地坪也藉由
黑、白不同色彩地磚，讓區域界線一眼分明。

← USEFUL

淋浴區的金屬門框，特別以氟碳烤漆加強防鏽
處理。

圖片提供＿寓子設計

圖片提供＿寓子設計

雙入口的複合式更衣衛浴空間

更衣室、化妝檯、衛浴，以ㄇ字型格局彼此串聯。雙入口的動線設計，前後兩端皆可進入空間。壁面則以玻璃與實體牆交錯搭配，能保有隱私，也能營造光切輕透的空間感。

← USEFUL

仿木紋磁磚中央設置一長形落水孔，可確保這一區清爽潔淨。

TIP**6** 地面運用防滑止跌的磁磚

圖片提供＿北鷗室內設計

六角復古地磚，微甜的歐式鄉村感

衛浴空間的設計除了美觀之外，安全性也是考量時的一大重
點。不論洗澡或洗手、洗臉，都有可能將地板弄得濕答答，挑
選具有凹凸紋路、霧面的地磚，可提高地板防滑度；另外，也
須注意地磚的吸水率要低，防潮性會更好。

↑ USEFUL

霧面六角形復古磚除了止滑，微微浮凸的
花紋，也相當耐髒好清潔。

圖片提供__ YHS DESIGN設計事業

切割、拼貼，打造安全止滑地坪

雖然衛浴牆面與地坪，採用同一種灰色系的仿大理石紋磁磚建材，但相較於壁面的平滑感，淋浴區的地坪磁磚則另外經過霧面處理，並切割為小單位再拼貼，以增加接觸面的防滑效果。

↑ USEFUL

除了本身的止滑紋路之外，地磚也可透過切割、圖案拼貼組合，提升地坪的變化性與止滑度。

👉 手法5 ｜ 一物多用，解決需要與想要

　　好的設計，指的是能貼近使用者生活所需，更甚者，能同時滿足居住者心目中對於「家」的理想藍圖規劃。

　　但有時空間不足以容納實踐所有的「需要」與「想要」，因此必須檢視實際上的生活模式、使用習慣，釐清之後才能有所取捨，進行設計比例上的調配。當然，也能透過「一物多用」的聰明方法，譬如餐廳與書房共用、臥榻兼容休息與收納機能等等，結合多重用途來規劃設計，在有限之中，也能同時滿足「需要」與「想要」。

圖片提供＿＿原晨設計

TIP1　是餐廳也是書房

圖片提供＿＿十一日晴空間設計

透過木設計，品味書香與飯菜香

客廳兼書房空間，由兩張桌子拼組出高度使用彈性。區隔空間的深淺木色，一側是復古胡桃實木隔間拉門，另一側則是暖黃橡木吧檯櫥櫃，並在立面上運用木條層架打造出雜誌書報收納，可方便隨手閱讀取放。

↖ USEFUL

拉門與吧檯透過木的直紋與橫紋安排，分別讓門片與吧檯看起來有拉高、拉寬的視覺感。

圖片提供__KC design studio 均漢設計

造型多功能桌，
傳達動線交會概念

在空間交會的中心點，打造一座
餐桌、書桌、工作檯結合為一的
造型桌，桌子並以旋鈕盤轉的樣
式，象徵空氣與動線的匯集與
流動，下方地坪則運用木質搭配
地磚，刻劃出同具交會概念的圖
紋。

✎ USEFUL

多邊形的層次桌板，下窄上寬，
線條富流動感，下方內縮不但可
以放書，也讓置腳空間更寬裕舒
適。

圖片提供__KC design studio 均漢設計

TIP2　是吧檯也是收納櫃

圖片提供＿寓子設計

圖片提供＿寓子設計

收納、隔間、吧檯，三向度淺灰色量體

如同春天般粉嫩色系的櫥櫃旁，佇立一座木作淺灰色烤漆的三向度量體，正、側、背面皆可使用，客廳一側是電視牆櫃用途，背後為展示收納層板，側邊則延伸出桌板，將收納、隔間、吧檯多重機能集合為一。

← USEFUL

櫃體與吧檯桌板，轉彎處採斜角度切割，讓小空間的行走動線更流暢無礙。

圖片提供__寓子設計

圖片提供__寓子設計

吧檯格櫃的局部透光處理

白色櫥櫃、吧檯與玻璃底板的反射效果，讓白日光感更加清新明亮。直立頂天的格櫃，作為廚房上下櫃的側向收尾，擺放常用的鍋碗瓢盆與杯壺，格櫃中段處不封背板，有如「鑿壁開窗」概念，讓自然光從此處穿透流瀉。

← USEFUL

由櫥櫃延伸而出的吧檯，另一側桌腳以兩根不鏽鋼圓柱展現輕巧。

TIP3　　是隔間牆也是留言塗鴉天地

圖片提供＿一葉藍朵設計家飾所

圖片提供＿一葉藍朵設計家飾所

淺草綠背景，打造孩子的大畫板

三房減去一房，並把主臥與孩房的隔間外推60公分，不論是走道或臥房，兩邊空間都更加餘裕寬敞。懸吊式木拉門，減省開門時的迴旋區域，門片推拉關至左右時，中央則是一面可讓孩子自由創作畫畫的黑板牆。

← USEFUL

有別於常見的黑或墨綠黑板，這裡選用清淺的草綠色黑板漆，更能與整體空間活潑明亮的色調相襯映。

圖片提供＿十一日晴空間設計

圖片提供＿十一日晴空間設計

圖片提供＿十一日晴空間設計

黑板牆，讓創意在家中奔放翔翔

深墨綠的黑板漆牆，隔出小孩房的遊戲區與睡眠區，中間挖出
「小房子」造型的通道開口，增添可愛童趣，在這裡，孩子可
以自由穿梭、隨意塗鴉，讓天馬行空的創意發芽成長。

↑ USEFUL

黑板漆除了黑色也有墨綠色與其他特殊
色，運用於室內時挑選水性無毒環保材質
更安全。

圖片提供__森峻設計

烤漆玻璃，易擦易寫快樂塗鴉

微微淡灰綠色的烤漆玻璃，是廚房側邊的隔牆，美化遮蔽冰箱
與廚房工作區，同時這面牆也是孩子的塗鴉天地，搭配白色邊
框延續空間色調，作為烤漆玻璃的收邊，也營造出畫框感覺。

USEFUL

烤漆玻璃上方鎖上一盞黑色小燈，可提點
氣氛，也等於是在塗鴉畫作上打燈。

TIP4　窗邊臥榻兼具閱讀與收納機能

圖片提供＿森叁設計

圖片提供＿森叁設計

與書桌、電視檯面延伸串聯的輕盈臥榻

客廳沿窗設計成一排臥榻,當親友造訪時可作為座椅的擴充。臥榻下方收納門片採斜切把手,踢腳板並內縮約10公分,使量體看起來彷彿半懸浮般輕盈不沉重。與書房銜接的局部玻璃隔牆,透過鐵絲夾紗玻璃與桌板,使左右兩空間銜接串聯。

↑ USEFUL

將玻璃分上下兩片,中間夾住從書房延伸而來的木質層板,在視覺效果上有種書桌穿牆而過的趣味。

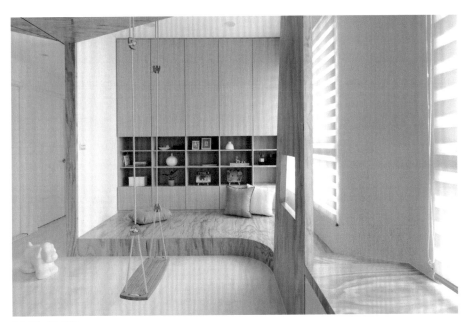

圖片提供__寓子設計

圖片提供__寓子設計

看書、遊戲、停留、穿梭，
孩子的開心遊樂場

以合板板材打造的架高地坪兼臥榻，與窗邊收
納櫃連成一氣，中間的高度段差，透過斜坡手
法順接，此斜坡也形成一道溜滑梯，並以短牆
築出安全屏蔽，讓臥榻是閱讀休息空間，也是
孩子的開心遊樂場。

← USEFUL

窗邊抽屜櫃，靠牆處的門片挖出圓弧開孔，作
為毛孩的小窩入口。

TIP5 是櫃門也是隔間門

圖片提供__KC design studio 均漢設計

圖片提供__KC design studio 均漢設計

雙面櫃體的雙重功能門片

拆除舊有的水泥實體牆，改為一道鋼琴烤漆雙面電視櫃區隔空間，左右皆留入口，形成雙進式的便利動線，前後之間也能互相引光，其中一扇門片，並同時身兼通道與電視櫃體的共用門。

↑ USEFUL

作為通道與櫃體的雙用門，開啟頻率高，採用鋼琴烤漆，表面平滑光亮，清潔更方便。

圖片提供__KC design studio 均漢設計

金屬玻璃拉門，兼顧採光與通透效果

運用粉紅色的折板鐵網天花，以及灰調水泥粉光壁面，中和出
既甜又酷的空間個性。客廳旁採用空心磚、金屬、層板規劃出
一整牆收納，可左右共用的四片玻璃拉門則能一物二用，能作
為櫃體門片，亦是前往私領域的通道門。

↑ USEFUL

簡潔的金屬框拉門，搭配長虹玻璃特
有的直紋裝飾，同時也能保有良好採
光與通透感。

👉 手法6 ｜ 運用替代材質賺質感

　　裝修時，最怕預算不足費用還不斷追加，也擔心為了節省成本而犧牲掉設計質感，「替代材質」的應用，能妥善解決前述兩項惱人的擔憂。所謂替代材質，是一種仿造其他建材質感的材料，也可以是指用完全不同的建材，做出類似的裝飾效果，用以取代原本價格相對較高，或施工難度較困難的原始材料。不論是用壁紙取代石材、磁磚，或用其他仿飾材質，建材加工技術的進步，使得仿真效果、裝飾質感越來越提升，也讓裝修者省下不少荷包。

圖片提供＿非關設計

TIP1　用壁紙替代石材、磁磚

圖片提供__北鷗室內設計

經緯交織出馬賽克紋路秩序

臥房選用細方格紋的壁紙，營造如同馬賽克磚拼貼效果，透過垂直水平線條交織出平穩秩序感。壁面左右配置兩盞可調式床頭燈，燈罩朝下，提供閱讀照明所需，燈罩朝上，則能作為夜燈使用。

↖ USEFUL

床頭背板的淺灰藍色與水平垂直線條，能帶來均衡、安穩的視覺感，相當適合應用於睡寢空間。

圖片提供__森聲設計

文化石壁紙施工容易、仿真度高

許多人偏愛文化石特有的粗獷紋理與天然色澤，層層堆砌的質樸況味，與鄉村風或工業風格相當合拍。若預算不足時，可改以文化石壁紙作為替代方案，花紋仿真度高，能達到類似風格效果，施工也更為便利。

↖ USEFUL

真正的文化石肌理斑駁，但壁紙表面平滑，因此在上面吊掛相框、黏貼裝飾品也相對容易許多。

TIP2　　用塗料替代進口壁紙

圖片提供__森耄設計

局部漆面，創造如畫作般的幾何印象

塗料價格親民，又能明顯改變空間立面樣貌。透過色彩挑選、圖樣設計、明度彩度的變化，能創作出媲美或更勝於壁紙的裝飾效果。不論是整面塗鋪或局部上漆，都能賦予牆面新的生命表情。

↑ USEFUL

案例中局部的灰藍色三角幾何，像是漂浮的山重疊銜接，如同一幅畫掛在牆面上的概念。

圖片提供__森參設計

莫蘭迪粉嫩色，揮灑女孩童趣小窩

運用莫蘭迪色系塗料鋪陳兩個女孩的兒童房，甜甜又不張揚的粉嫩色，搭配令人安心放鬆的淺灰色，整體氛圍清新柔和。其中，粉色牆以不規則五邊形色塊上漆，簡單大方，亦能增添幾許活潑童趣。

↑ USEFUL

灰色乳膠塗料為底的背景牆，上方貼了一朵朵雲朵造型貼紙，這種特殊貼紙撕下不會留下殘膠，裝飾效果佳。

TIP**3**　用板材替代實木

圖片提供__森參設計

灰藍與木紋的沉穩優雅搭配

床頭板、書桌與床邊桌，以木紋樣式的系統板材取代實木，沒有實木建材的高成本壓力，也能散發林木意象的自然之美。主牆低彩度的灰藍漆牆，與同樣略帶灰調的木色，沉穩優雅氣息，打造一夜好眠環境。

↑ USEFUL

床頭板與抽屜面板的木紋紋理安排，分別透過直紋與橫紋的搭配帶來線條感變化。

圖片提供__兩冊空間制作所

圖片提供__兩冊空間制作所

圖片提供__兩冊空間制作所

不做多餘裝飾，打造自然木氣息

將隔間牆的位置稍微修改，形成一個進退面作為書房工作區，並運用松木合板板材取代實木當作立面鋪陳，除了能控制裝修預算之外，松木合板保有木材的自然樹瘤節理，氣息天然，彷彿是將家蓋在森林裡。

↑ USEFUL

與松木合板搭配的磚牆不另做泥作塗封，盡可能減少裝飾性的設計，讓材質表現出最樸實模樣。

加分設計這樣做

所謂「加分設計」就是找到家的自我主張，在設計中
加入自己的風格和品味，甚至把個人興趣或蒐藏帶入
空間，讓家變得更有人味。

添加生活感的設計手法

　　「家」，是空間與生活的複合體。而裝潢輕時代的精神，來自於對此複合體的現況進行檢討與改善。與其說是一種設計手法，不如說是一種誠實的態度：當家的樣子不再依靠外在裝飾，複製某種姿態來遮蓋現況，而是還原純真自然的本來狀態時，設計師更

能專注克服原始空間的限制，並且為未來的藍圖保留變化彈性；而居住者的任務便是靜下心來檢視生活的每個片段，不讓想像力被既有的框架綁架。真正加分的設計，會讓你重新成為一個戀家的人。

☞ 手法1 | 變換家中擺設添趣味

　　生活的彈性，源自對現有框架的突破，空間亦是如此。利用裝潢輕時代的概念，捨去不必要的隔間牆或其他空間限制之後，生活場域豁然開闊了，請別急著再度填滿它，多一點點留白，少一點點包袱，傢具不一定要成套添購，巨大櫃體也不見得是收納的最佳選擇，甚至客廳也不一定要擺沙發——這是專屬你的空間，誰說回家非要當一顆沙發馬鈴薯呢？

圖片提供＿北鷗室內設計

TIP1 使用可帶著走的傢具

圖片提供__北鷗室內設計

圖片提供__北鷗室內設計

透過木設計，品味書香與飯菜香

時下流行將客餐廳打造為開放式場域，展現整體格局的開闊性。建議在不同區域之間置入展示層架或矮櫃，把空間層次感襯托出來，感覺會更加寬敞，同時也能豐富生活的機能性。

✓ CLEVER

以傢具量體取代實體牆，創造空間的靈活彈性。

圖片提供＿北鷗室內設計

以木作或系統櫃打造櫃體固然好用，卻也缺乏調整的彈性。若家庭成員人數或空間未來使用極有可能產生變化，建議挑選非固定式的櫃體，如案例中書櫃包含了書桌桌板、層架與抽屜，皆是可組合、可擴充、可任意調整層架或桌板高度，搬家時也方便帶走。

← CLEVER

除了可任意組合調整之外，輕巧的鐵件結構，也可選擇立地或吊掛不同方式，讓櫃體的利用充滿無限可能性。

圖片提供＿北鷗室內設計

360度自由旋轉的面面俱到

房子擁有優勢採光，在純白基底中，以天空藍牆面跳色與霧粉色沙發，在素淨優雅中點綴出彩度。開放格局，藉由矮檯度的電視櫃低調隱微分界，使右側客廳與左側書房兼起居室，結合成為一完整大器空間。

↖ CLEVER

非固定式的木質電視櫃，可視需求移動位置來調整空間深度，電視為360度可旋轉設計。

圖片提供__ST design studio

選擇可擴充、可組合、可帶走的櫃體

收納不一定要買一大堆櫥櫃，過量的收儲櫃體反而會造成空間
的浪費，不妨靈活運用層架、懸吊桿等牆面五金零件，發揮巧
思就能增加多種不同的收納機能，同時也便於調整。

◥ CLEVER

懂得善用牆面收納術，就能減少不必要的
量體占空間。

(TIP2)　傢具不一定要成套

圖片提供__荃巨設計 iA Design

拿捏色調和比例，傢具不成套也可以

缺乏空間佈置想法的時候，除了逛傢具店，也可以去逛美術館
找靈感。尤其極簡系居家很適合以明亮活潑的傢具拼搭，看似
隨興，但色調與比例之間若能拿捏平衡，就是一件藝術！

↖ CLEVER

把家當成美術館，發揮拼貼藝術精神。

圖片提供__北鷗室內設計

每個人都有自己的專屬餐椅

幫家人挑一張專屬的餐椅吧！跳脫傳統一桌四椅的全套式搭配，依照使用者的喜好與個性搭配風格迥異的餐椅，讓人一看就感覺到居住者的生活氣息與獨特個性，把家變得有趣。

↖ CLEVER

以傢具代表家人各自的個性，注入獨特生活風景。

TIP3　利用單椅搭配各型式沙發

圖片提供__荃巨設計 iA Design

以沙發顏色配搭其他單椅

沙發體積較大，建議應作為空間視覺焦點來考量。在選色時可採用比背景色再重一點的沙發，穩定整個空間的重心，再搭配淺色的單椅點綴，讓整體色調感的比重達到平衡。

圖片提供__北鷗室內設計

↖ CLEVER

用沙發與單椅的色調，創造巧妙空間平衡。

選用沙發為空間定調

一般沙發給人的印象分量厚實，而針對極簡調性空間，建議可以有不同的選擇，例如色彩較粉嫩、造型圓潤的夢幻感沙發，再搭配懶骨頭等單品，能為空間帶來慵懶放鬆的感覺。

← CLEVER

在客廳選用清新少女心粉系沙發，瞬間柔化空間氛圍。

TIP4　選擇造型搶眼的燈飾

圖片提供＿北鷗室內設計

用燈飾來為空間加分

簡約系居家常見的問題是空間偏向冷調，建議可運用裝飾燈來幫氛圍增溫，除了挑選獨特造型的單品之外，也可以挑選有多種燈色變化的LED燈，讓燈光呼應不同的心情變化吧！

↖ CLEVER

燈飾單品有多種造型與光色，輕鬆點亮溫馨氛圍。

圖片提供＿＿北鷗室內設計

額外挑選用餐區燈光

燈光不只具有照明的實用機能，對於氛圍也有極大影響。簡約
系居家通常偏好間接照明為主，但在用餐區域則不妨挑選小型
主燈，不過度明亮的微暈燈光反而更能讓身心放鬆。

CLEVER

為家裡的用餐區挑選不同的燈光，不僅能
界定空間，還能讓每頓晚餐更有情調。

TIP5　客廳不放沙發

圖片提供__KC design studio 均漢設計

地毯配上懶骨頭、坐墊或單椅

小坪數或幅寬較窄的客廳空間，若擺上沙發反而可能犧牲坪
數，建議可鋪設木地板搭配地毯，再加上懶骨頭、坐墊或單
椅，不但保留了空間的靈活彈性，居家感也更加隨意自在！

↖ CLEVER

用坐墊或地毯代替沙發，讓人好想在
家打滾。

不放沙發用臥榻更實際

兼具坐臥功能的臥榻是許多人的心頭
好，除了好看之外，還能合併收納機
能，並且建議可規劃在靠窗側結構樑
下方，不僅能收整空間感又能有效運
用坪數，也可省下沙發的預算呢！

← CLEVER

利用窗邊臥榻取代沙發，實用好看又
省空間。

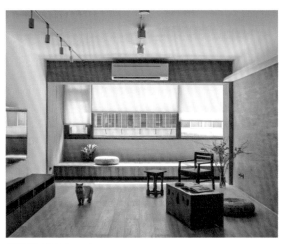

圖片提供__ST design studio

👉 手法2 ｜ 天花板設計局部做

　　生活中的壓力經常是無形的，就像天花板對空間所造成的壓迫感一樣。在裝潢輕時代與工業風當道的現代，天花板已經不是非做不可的選擇，但是因為裸露其素坯水泥本色，更需要適當的修整，否則便是粗野，而非質樸素淨了。

　　至於風水上最忌諱的壓頂大樑，也可以透過局部天花設計來解決，讓有形的設計化解無形的壓力，展開更清朗的生活。

圖片提供＿禹樂空間整合

將線路、燈光收齊在平面中

圖片提供__KC design studio 均漢設計

極簡中的畫龍點睛

為了不讓天花板過低造成壓迫感，設計師將冷氣風管直徑縮小，但增加風管數，讓天花板厚度得以壓縮同時維持冷房品質，並結合優雅細緻的線條設計，創造俐落又大器的空間感。

✎ CLEVER

縮小冷氣風管直徑，有效壓縮天花厚度，依然維持冷房品質。

圖片提供__荃巨設計 iA Design

小坪數天花藏排氣功能

許多小坪數套房喜歡採用飯店式的開放式設計，想取消臥房與
衛浴的隔間卻又擔心濕氣問題。此時便可運用天花板結合排氣
管線設備，維持空間簡潔感，同時又能引導濕氣排除。

↖ CLEVER

利用天花隱藏排氣設備，有效幫空間排除
濕氣。

TIP2　只針對管線做局部的天花板、假樑

圖片提供__KC design studio 均漢設計

利用圓弧包覆樑柱

臥室最常見的問題就是大樑壓頂，但若為了遮樑而採全面包覆式的天花板，又會造成空間挑高過低。案例利用圓弧包覆樑柱的手法，同時隱藏空間管線，創造舒適的睡眠環境。

← CLEVER

有效利用弧形包覆樑柱，減少空間壓迫感。

圖片提供__荃巨設計 iA Design

圓弧天花有助冷房效果

除了隱藏管線之外，天花板造型也有影響空間氣流的作用。例如本案例在空調上方做出局部天花圓弧挑高造型，讓冷氣可以越過大樑阻擋而向下傳達，讓空間中的冷房效果更好。

← CLEVER

好看的圓弧天花造型，也有引導冷氣風向的效果。

TIP3 利用有質感的材質包覆線路，與空間結合

圖片提供＿KC design studio. 均漢設計

以假樑修飾管線

本案屋樑較低，若全面包覆天花會使整體挑高過低。設計師巧妙運用實木垂直排列的手法，同時讓軌道燈等管線結合在實木假樑設計中，打造有如小木屋的獨特空間質感。

↖ CLEVER

運用實木修飾燈軌，在室內營造有如小木屋的視覺感受。

圖片提供__KC design studio 均漢設計

以鐵網增添天花趣味

利用鐵網折板的高低角度，穿梭在包覆樓板與樑的高低差，同時融入燈光照明，再結合拼花概念，在不同矩形的折板中置入三種不同密度的鐵網，增添空間天花的趣味性及實用性。

↖ CLEVER

超獨特鐵網天花，翻轉空間表情。

　　在線路上漆加以修飾

圖片提供＿荃巨設計 iA Design

以統一漆色修飾管線

近來工業風居家盛行，不少人選擇不做天花，讓管線自然裸露在外，但若沒處理好可能會造成雜亂的感覺。建議可採取與整體空間色調相近的漆色予以修飾，保持整體的一致性。

↘ CLEVER

運用相近色調修飾線路，讓空間的整體視覺更清爽。

圖片提供＿KC design studio 均漢設計

以清爽色系為線路上色

想要為素顏居家增加一點活潑色彩？不妨嘗試從管線漆色著
手。例如本案採用清爽的土耳其藍來修飾燈光管線，讓線路不
只是機能性的存在，更搖身一變成為空間的獨特裝飾。

↖ CLEVER

巧搭繽紛線路設計，賦予居家活潑藝術
美，讓家更有個性。

留有局部的線路裸露

圖片提供＿荃巨設計 iA Design

只留下部分線路當作造型

想要打造工業風或極簡風的管線裸露效果，應注意線路在排列
上的秩序性與線條感，同時也應考量燈光的走向來進行搭配，
讓看似隨意的工業風居家，擁有井然有序的層次性。

✎ CLEVER

注意管線走向一致性，避免造成雜亂感。

圖片提供＿KC design studio 均漢設計

運用高低差，展現空間感

各種線路因功能不同，在粗細、材質上都有差異，不妨運用此種特點來勾勒空間表情，除了服貼於牆面之外，也可使之產生高低錯落的層次感，變化出屬於空間的詩意節奏。

↖ CLEVER

運用管線高低錯落，創造視覺的節奏感。

👉 手法3 ｜ 牆面設計局部做

　　許多居家空間的靈感，都是從一面牆開始的。當缺乏靈感，不知該如何與設計師溝通時，就幻想一道美好的牆面吧！可以是很抽象的想法，甚至是某個簡單的意象：例如在歐洲旅遊時愛上的鄉村花磚，能讓人靜心的質樸灰階，或者是可以輕盈收納生活細節的展示牆，又或者是曾在傢飾店遇見的驚豔壁紙……等，讓這些微小而幸福的念頭，逐漸長成一個家的模樣。

攝影＿沈仲達

TIP1 以珪藻土呈現自然風貌

圖片提供__KC design studio 均漢設計

追求極簡立面

正如同飲食追求少油少鹽，當代居家美感也追求低飾本色，呈現家最自然的表情。本案例運用具有吸濕效果的珪藻土牆面，搭配帶有復古感的磨石子地坪，讓家回歸質樸的生活調性。

↖ CLEVER

珪藻土牆面搭配磨石子地板，打造溫潤質樸感。

運用珪藻土的特性修飾廊道

珪藻土是一種來自水中的天然礦土粉末原料，其特性介於油漆與泥作之間，乾燥後所呈現的質感類似消光粉彩，相當素雅。本案例用以修飾廊道，使空間呈現歐式宮廷般的雅致質感。

← CLEVER

運用淡雅珪藻土，賦予居家素淨零裝感。

圖片提供__KC design studio 均漢設計

TIP2 　用壁紙營造不同的情境

圖片提供＿北鷗室內設計

選用壁紙，為將來保留彈性

兒童房是專屬孩子的小小天地，伴隨著年齡的成長，孩子對於
房間佈置也會有不一樣的主張。建議裝修時可選擇運用壁紙裝
飾牆面，未來可隨心情置換不同花色，方便又省成本。

↖ CLEVER

兒童房選用壁紙裝飾，保留未來可變性。

圖片提供__ST design studio

局部使用特殊壁紙增趣味

市面上壁紙五花八門，除了傳統單色壁紙之外，更有許多不同花色與質感可以選擇。若是感覺居家過於簡約冷調，可考慮將局部牆面改以特殊壁紙裝飾，在空間中創造視覺亮點。

↖ CLEVER

巧用花樣壁紙，為空間帶入豐富表情。

以畫作或相片構成的展示牆

圖片提供__荃巨設計 iADesign

用燈光和畫作，讓家變成藝廊

居家空間若是有懸掛巨幅畫作或攝影的需求，建議於規劃初期
提早與設計師溝通，以利在牆面預留懸掛軌道及搭配投射燈，
讓日常生活空間也能天天擁有精品藝廊般的高雅品味。

◥ CLEVER

懂得預留懸掛軌道與燈光，把家變成最美
藝廊。

圖片提供＿＿北鷗室內設計

以空間考量畫框配置

空白的牆面好單調，最快的補救措施就是掛上幾幅質感攝影或畫作，懸掛時應注意畫框大小與牆面及周邊線條的比例，如本案的畫框大小剛好與側邊拉門窗格類近，形成巧妙呼應。

↖ CLEVER

從幾何比例來考量畫框配置，掛出美術館的質感。

TIP4 設定主牆畫面，其他角落根據主牆材質及用色延伸

圖片提供＿＿北鷗室內設計

用一面牆聚焦設計

牆是凝聚生活風景的底色，如果想要在居家空間巧搭紅磚、文化石這一類特殊材質，建議可選擇一面主牆著手，如本案例將餐廳主牆設定為紅磚牆，櫥櫃區搭配花磚，風格十足。

↘ CLEVER

一面就剛好，搶眼紅磚凝聚視覺焦點。

圖片提供＿＿北鷗室內設計

為牆大膽上色

心目中有夢幻色彩想要實現？大膽告訴設計師吧！如本案例以
療癒系Baby Blue為主題，周邊元素如淺色木地板、純白色系
櫃體及傢飾等等皆是搭配主色調而生，讓空間個性更加獨特。

↖ CLEVER

主牆最適合大膽玩色，不僅可以跳出房屋
主人的鮮明個性，還能創作空間主題。

TIP5　　強調個性質感的水泥牆

圖片提供＿KC design studio 均漢設計

粗獷水泥牆碰撞復古畫框

本案例運用水泥脫模所呈現的粗獷質地打造主牆面，混搭線板
畫框及復古皮件沙發等美式古典居家元素，兩種極端衝突的元
素反而撞擊出獨樹一格的個性，展現蓬勃生命力。

˙CLEVER

當水泥遇上些許古典線板，撞出精彩視覺
衝擊。

圖片提供__ST design studio

省去不必要的裝飾，留下質感

以閱讀與品酒為生活重心，本案屋主希望空間能摒除不必要的
裝飾，盡可能放鬆與沉靜。因此，設計師選用質感自然的水泥
粉光鋪陳電視主牆，隨光影變化深淺紛呈，印下時光的足跡。

↑ CLEVER

深灰色水泥粉光打底，鋪陳沉靜安逸的空
間感。

👉 **手法4** │ 選對軟裝陳設更加分

　　真正的室內設計，是從生活需求推導空間設計及傢具的配置，而不是被既有的形式侷限了生活的方式。因此，在購置居家用品時，不妨多保留一些「變心」的餘地，選擇輕量化或具備可調整性的機能櫃體或層架，或者是運用不同的窗簾、地毯、抱枕等軟件來變化居家的顏色與表情。生活，本來就不該一成不變，家的樣子當然也是。

圖片提供__北鷗室內設計

TIP1　在空曠的地板鋪上地毯就很完美

圖片提供＿一葉藍朵設計家飾所

鋪上地毯呈現慵懶美感

為了實現「慵懶讀書看電視」的生活情境,特別採用舒適的木地板並鋪上大面積地毯,希望可以創造無拘無束的自由向度。

↑ CLEVER

在木地板鋪上大面積地毯,實現無拘無束的生活氛圍。

圖片提供＿＿北鷗室內設計

用傢飾為家變換風景

極簡空間最常見的基礎色調不外乎黑白灰，不妨利用軟件傢飾
如地毯、抱枕、窗簾……等來玩色彩變化，如本案例鋪上黑白
地毯呈現摩登感，若換上淺藍或鵝黃色地毯則又是不同風情。

↖ CLEVER

運用軟件玩色彩，讓居家表情自由變化。

　不同的桌面材質，營造不同氣氛

圖片提供__荃巨設計 iADesign

切換材質，提升質感

桌面材質的選擇通常伴隨著機能性的考量，例如易髒汙的料理桌檯常使用便於清潔的不鏽鋼材質，而本案的開放式不鏽鋼中島也呼應了極簡調性，搭配木質餐桌更能提升溫暖質感。

↖ CLEVER

不鏽鋼中島搭配木質餐桌，襯托極簡氛圍。

看家想呈現什麼質感，再選用桌面

同樣的白文化石牆面，搭上不同的餐桌就會呈現迥異的氛圍！本案例採用消光灰金屬材質的桌面，使整體偏向極簡工業風，但若採取暖色木質感桌面，則會變身北歐森林風格。

← CLEVER

從餐桌材質就能看出個性，溫暖或極簡各有所好。

圖片提供__北鷗室內設計

TIP3   善用桌櫃裝飾

圖片提供__北鷗室內設計

選用好的桌櫃很加分

還在煩惱端景牆該放什麼古董或昂貴藝術品嗎？其實一座有設計感的桌櫃，就是最吸睛的裝飾！如本案例牆面以白色為主，桌櫃便選擇明亮色調的樣式，打造簡單而豐富的視覺饗宴。

↘ CLEVER

不輸藝術品，展示桌櫃就是最好的端景。

圖片提供__荃巨設計 iADesign

桌櫃二合一，效益極大化

因應屋主的工作需求，本案客廳以大型工作桌取代傳統客廳茶几，結合高度剛好的開放櫃合而為一，便於收納也兼具展示性，桌腳再搭配滾輪設計，讓傢具使用彈性發揮到最大。

↖ CLEVER

桌櫃合一，兼具展示與收納大大加分。

TIP4　餐桌兼書桌可特別設計

圖片提供＿禹樂空間整合

中島吧檯桌讓餐廚完美結合

開放式的廚房設計搭配長長的中島吧檯桌，既是餐桌也可以是孩子寫功課的地方，提升空間使用度，讓家人可以聚在一起吃飯、辦公，談天說地。

· CLEVER

中島吧檯長桌，讓餐廳成為家人互動的重要場所，打造美味關係。

圖片提供＿＿KC design studio 均漢設計

多功能桌面

本案屋主生活核心一則為飲食，一則為讀書。設計師量身打造一張多功能桌面，從「交會」的概念出發，結合「流動」的動態感，創造出Twist的獨特美學，也擴大桌面使用面積。

· CLEVER

專屬個人的餐桌兼書桌，營造家人的生活交會點。

TIP5　選擇腳架式傢具，擺脫沉重感

圖片提供__KC design studio 均漢設計

選用高腳式傢具好輕盈

想要讓空間感輕盈的方法其實很簡單，選擇「長腳」的傢具就對了！例如本案沙發選擇有腳的木質底座，再搭配坐墊與抱枕，彷彿一座漂浮沙發，同時也兼具好清潔的實用特性。

· CLEVER

高腳式設計打造漂浮沙發，氛圍好輕盈。

圖片提供__荃巨設計 iADesign

以腳架傢具減輕空間沉重感

居家空間色調若以深色為主，較容易讓人有沉重的感覺。建議在傢具挑選上可採用細長腳架式傢具，營造出舉重若輕的視覺感，就能在無形中化解整體空間氛圍沉甸甸的感覺。

· CLEVER

深沉色調居家，就用腳架傢具來減輕視覺重量。

附錄 – 跳脫風格限制的設計公司

HATCH 合砌設計有限公司
ADD：台北市南港區忠孝東路六段428巷3號
1樓
TEL：02-2786-1080
WEB/FB：https://www.facebook.
com/hatch.taipei

KC design studio 均漢設計
ADD：台北市松山區八德路四段106巷2弄13
號1樓
TEL：02-2761-1661
WEB/FB：www.kcstudio.com.tw

ST design studio
ADD：台北市大安區忠孝東路四段162號9樓
之5室
TEL：0975-782-669
WEB/FB：https://www.stdesignstudio.
com/

YHS DESIGN設計事業
ADD：台北市大安區安和路二段217巷17號
TEL：02-2735-2701
WEB/FB：http://www.yhsstudio.com

一葉藍朵家飾設計所
ADD：台北市信義區虎林街164巷19-2號1樓
TEL：0935-084-830
WEB/FB：https://www.alentildesign.
com/

一水一木設計工作室
ADD：新竹縣竹北市復興三路2段68號
TEL：03-550-0122
WEB/FB：http://www.1w1w-id.com/

一畝綠設計
ADD：新竹縣竹北市縣政十二街36號
TEL：03-656-1055
WEB/FB：http://acre-green.com/
main.php

十一日晴空間設計
ADD：台北市木新路二段161巷24弄6號
EMAL：thenovdesign@gmail.com
WEB：www.TheNovDesign.com

北鷗室內設計
ADD：台北市中正區延平南路179巷1弄6-3
號6樓
TEL：0922-077-695
WEB/FB：http://www.nordesign.tw/
wh/Default2.aspx

禾禾設計
ADD：台北市長安東路二段77號2樓
TEL：02-2518-5208
WEB/FB：https://www.facebook.
com/hhopedesign/

禾築設計
ADD：台北市濟南路三段9號5樓
TEL：02-2731-6671
WEB/FB：http://www.herzudesign.
com/

非關設計
ADD：台北市大安區建國南路一段286巷31號
TEL：02-2784-6006
WEB/FB：https://www.royhong.com/

兩冊空間制作所
ADD：台北市大安區忠孝東路三段248巷13
弄7號4樓
TEL：02-2740-9901
WEB/FB：https://2booksdesign.com.
tw/

原晨設計
ADD：新北市新莊區榮華路二段77號21樓
TEL：0919-508-714、0912-831-417
WEB/FB：https://www.facebook.
com/yuanchen85222712/

知域設計
ADD：台北市大同區雙連街53巷27號1樓
TEL：02-2552-0208
WEB/FB：http://www.norwe.com.tw/
index

奕起設計
ADD：台中市西屯區大墩二十街96號11樓之2
TEL：04-2320-4928
WEB/FB：https://www.facebook.
com/studio.chi.net/

禹樂空間整合
ADD：新北市林口區粉寮路二段88巷28號
TEL：02-2601-6466
WEB/FB：https://www.facebook.
com/yulespace/

荃巨設計iA Design
ADD：台北市信義區光復南路431號10樓之2
TEL：02-2758-1858
WEB/FB：http://iadesign.com.tw/

森叁設計
ADD：台北市大安區建國南路二段171號2樓
TEL：02-2325-2019
WEB/FB：https://www.sngsan.com/

森境+王俊宏室內設計
ADD：台北市中正區信義區二段247號9樓
TEL：02-2391-6888
WEB/FB：http://www.senjin-design.
com/index.php

威楓設計工作室
ADD：新北市林口區文化三路一段191巷14
號3樓
TEL：0920-508-087
WEB/FB：http://www.the-w.com.tw/

賀澤室內裝修設計
ADD：新竹縣竹北市自強五路37號
TEL：03-668-1222
WEB/FB：www.hozo-design.com

路裏設計
ADD：台北市士林區福壽路44號
TEL：02-2831-4115
WEB/FB：https://www.luriinner.com/

寓子設計
ADD：台北市士林區磺溪街55巷1號1樓
TEL：02-2834-9717
WEB/FB：http://www.uzdesign.com.
tw/

懷特室內設計
ADD：台北市中山區長安東路二段77號2樓
TEL：02-2749-1755
WEB/FB：https://www.facebook.
com/white.interior.design/

Style 057

裝潢輕時代：

減少帶不走的無用設計，
注入專屬於你的 Life Story

作者｜漂亮家居編輯部
責任編輯｜陳顗如
採訪編輯｜李佳芳、陳淑萍、陳婷芳、曾令愉、黃珮瑜、鄭雅分
封面設計｜張榮洲
美術設計｜Joseph
插畫｜徐怡萱
行銷企劃｜李翊綾、張瑋秦

發行人｜何飛鵬
總經理｜李淑霞
社長｜林孟葦
總編輯｜張麗寶
副總編輯｜楊宜倩
叢書主編｜許嘉芬

出版｜城邦文化事業股份有限公司 麥浩斯出版
地址｜104 台北市中山區民生東路二段141號8樓
電話｜02-2500-7578
E-mail｜cs@myhomelife.com.tw

發行｜英屬蓋曼群島商家庭傳媒股份有限公司城邦分公司
地址｜104 台北市民生東路二段141號2樓
讀者服務專線｜0800-020-299（週一至週五AM09:30～12:00；PM01:30～PM05:00）
讀者服務傳真｜02-2517-0999
E-mail｜service@cite.com.tw
劃撥帳號｜1983-3516
劃撥戶名｜英屬蓋曼群島商家庭傳媒股份有限公司城邦分公司

香港發行｜城邦（香港）出版集團有限公司
地址｜香港灣仔駱克道193 號東超商業中心1 樓
電話｜852-2508-6231
傳真｜852-2578-9337

馬新發行｜城邦（馬新）出版集團 Cite (M) Sdn. Bhd
地址｜41, Jalan Radin Anum, Bandar Baru Sri Petaling,
57000 Kuala Lumpur, Malaysia.
電話｜603-9057-8822
傳真｜603-9057-6622
總經銷｜聯合發行股份有限公司
電話｜02-2917-8022
傳真｜02-2915-6275

製版印刷｜凱林彩印股份有限公司
版次｜2019年07月初版 1 刷
｜2021年12月初版 3 刷
定價｜新台幣420元

國家圖書館出版品預行編目(CIP)資料

裝潢輕時代：減少帶不走的無用設計，注入專屬
於你的Life Story / 漂亮家居編輯部作. -- 初版.
-- 臺北市：麥浩斯出版：家庭傳媒城邦分公司發
行, 2019.07
面； 公分. -- (Style；57)
ISBN 978-986-408-503-3(平裝)
1.家庭佈置 2.空間設計 3.室內設計

441.52 108008937

Printed in Taiwan

著作權所有．翻印必究（缺頁或破損請寄回更換）